站运维指南

ZHAN YUNWEI ZHINAN

段志国　主编

集　团
社
反社

图书在版编目(CIP)数据

智能变电站运维指南/段志国主编. —

2022.7

ISBN 978 - 7 - 200 - 17286 - 7

Ⅰ. ①智… Ⅱ. ①段… Ⅲ. ①智能

Ⅳ. ①TM63 - 62

中国版本图书馆 CIP 数据核字(2022)第

智能变电

段志国

北 京 出

北京教育

(北京北

邮政编

网址: w

京版北教文化传

全国

河北宝昌

787 mm ×1 092 m

2022 年 7 月第

ISBN 9

质量监督电

智能变电站

////////////////////////////////////

ZHINENG BIANDIANZ

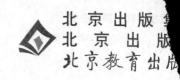

北京出版集
北京出版
北京教育出版

—北京：北京出版社：北京教育出版社，

系统—变电所—电力系统运行—指南

121882 号

站运维指南

国　主编

*

版 集 团 　出版
出版社

三环中路 6 号）

码：100120

ww. bph. com. cn

传媒股份有限公司总发行

各地书店经销

彩印刷有限公司印刷

*

mm　16 开本　8 印张　148 千字

版　2022 年 7 月第 1 次印刷

78 - 7 - 200 - 17286 - 7

定价：58.00 元

电话：(010)58572525　58572393

编写人员名单

主　　编：段志国

副 主 编：贾卫军　彭树清　赵志锋　霍维光　张　涛　芦纪良

编写人员：张媛媛　刘志勇　李洪雷　丁文阁　郭文胜　傅博雄

　　　　　付盛业　刘建辉　马　超　李　伟　孙一莹　安　宁

　　　　　于世峰　韩　双　张兰钦　李继红　刘卫国　单永忠

前　言

随着社会的不断发展，人们的用电需求持续快速增长，仅 2021 年 1—6 月，全国用电量就达到了 39 339 亿千瓦时。为了保障社会各系统的用电需求，实现电力资源的优化配置，我国近年将电力系统建设与升级的战略方向定为：建设适合我国国情的新型电力系统，提高电力系统稳定性和灵活调节能力，而智能变电站正是实现这一系列目标的重要基础。

技术的创新与变革是推动社会发展的力量，同时也是变电站转型升级的动力。在智能变电站还没有得到广泛关注之前，变电站经历了从常规变电站到数字化变电站，再到智能变电站的发展过程。

2019 年 7 月，四川省遂宁市首座 220 kV 的智能变电站成功投运，总投资约为 3 亿元，该变电站工程的建设与运行使遂宁市的电力系统变得更加可靠。2020 年 8 月，海南也成功投运了首个智能变电站，并且应用了许多新技术，如智能远动、告警系统等。2021 年 1 月，盛京变电站成为全国范围内第四个投运的市中心全户内 500 kV 智能变电站，直接惠及超过 150 万的人口，同时打通了辽西北至沈阳地区的风电和光伏绿色能源通道，进一步优化沈阳地区能源结构。

智能变电站工程目前在全国各地均有实施，在新基建的背景下，智能供电站与智能电网完全可以"顺势而为"，抓住这个机会大力促进电力基础设施的发展。智能变电站与常规变电站相比，之所以如此受欢迎，主要是因为其应用了较多的新技术、新设备，整体架构也有较大改变。例如，过程层网络的设置、系统智能化告警的功能以及一些新型材料的选用，这些都使智能变电站的运行变得更加可靠，同时也有效降低了人力成本与工程造价。

随着智能变电站技术的日益成熟，无人值守变电站的应用也变得更加广泛，各种远程监控、操作系统与智能巡检机器人的应用，使运维工作更加直观与便捷。例如，某省的无人值守变电站就曾出现过因电源线过载而导致的发热、冒烟事故，但由于智能设备可以及时发出告警信号，运维人员也因此而能够及时迅速地切断电源，防止事态进一步扩大。

智能变电站是技术发展的产物，是各种先进技术的高度集成，但也给运维人员带来了技术能力方面的诸多挑战。当前，与智能变电站的成长速度相比，部分运维人员的技术素养难以跟上电力行业发展的节奏，呈现出水平参差不齐的特征。很多运维人员对变电站运维工作的操作与经验还停留在上一时期，对一些新系统、新设备的应用存在较多知识盲区。本书正是针对这一问题，为确保电力系统运维工作的顺利开展，为智能变电站运维人员提供"理论＋实操＋案例"立体化的知识结构，帮助读者快速了解智能变电站相关体系架构，掌握相关信息技术及电力运维领域的智能化应用，精通影响电网安全运行各类隐患的自动识别、快速预警和智能处置，从而实现变电站安全高效的运行。

本书共分为九个章节，分别介绍智能变电站的基础概念、体系架构、运维过程相关术语、数据管理、后台画面、运维规范、防误验收、巡检规程。

本书力图为读者呈现全面的智能变电站运维工作细节，为相关人员提供有益的帮助，但由于编者水平所限，书中难免存在不足之处，还望广大读者批评指正。

编者

2021 年 12 月

目 录

第1章　基础入门：智能变电站的概念与特征

基于社会的快速发展与信息技术的进步，传统变电站一步步向数字化、智能化的方向转型，如今的智能变电站已经成为了构建智能电网的重要基础，在智能电网的变电环节起到主要作用，并且是国家战略规划内容中的一个要点。

在"十二五"期间，国家电网努力推进智能变电站的试点工作，以全面建设智能变电站为目标，一步步取得卓越成就。至"十三五"后期，我国已实现新增智能变电站7 700余座，虽然2020年原定规划的实施因疫情受到了一些影响，但国家电网依然非常重视智能变电站的推广与技术开发。随着新一代智能变电站项目逐步投入运营，智能变电站建设进度将不断加快。

1.1　概念定义：何为智能变电站

变电站是电力系统中必不可少的构成，其主要的作用是对电压与电流进行高低变换。家庭用电以低压电为主，所以必须要借助变电站对高压电进行降压，之后才能供给居民正常使用。

自2009年，国家电网公司正式提出智能电网的发展规划后，"智能变电站"这一名称得到逐步推广。国家电网公司发布的企业标准《智能变电站技术导则》，对智能变电站进行了明确定义，其定义为：采用可靠、经济、集成、节能、环保的设备与设计，以全站信息数字化、通信平台网络化、信息共享标准化、系统功能集成化、结构设计紧凑化、高压设备智能化和运行状态可视化等为基本要求，能够支持电网实时在线分析和控制决策，进而提高整个电网运行可靠性及经济性的变电站。2012年，《智能变电站技术导则》经修订更新后，成为国家标准，该标准作为智能变电站顶层设计，对智能变电站的发展思路和建设理念提出了系统性要求，为今后智能变电站的发展建设提供了指导。

智能变电站在技术方面的创新要远超传统变电站，与数字化变电站相比也有着显著的优势，其能够通过信息的实时、同步采集来进一步稳定智能电网，也能与电力调度进行全方位的互动，使设备的使用寿命能够更加长久。现阶段的智能变电站能够使一次、二次设备实现智能集成的有机组合；能够将全站信息数字化、统一化，建立标准化信息模型；自动化监控技术可以识别自动装置，并能够对自动装置进行校验与测试，在其遇到故障问题时可精准、迅速地定位，并对故障进行修复。智能变电站可自动完成信息采集、测量、控制、保护、计量和检测等基本功能，同时，还支持电网实时自动控制、智能调节、在线分析决策和协同互动等。

作为现阶段技术创新的最新产物，智能变电站的体系结构较为完整，主要具备下述特点。

(1) 信息数字化 数字化已然与人们的生活接轨，数字化通信也显著地提高了人们的生活效率，而智能变电站也具备这一特点。现智能变电站已实现了全方位的数字化效果，其采集、处理、传输信息的速度大大加快。智能变电站利用电子式互感器实现了采样信息的数字化，便于对一次设备与二次设备进行更灵活的控制。

(2) 传输网络化 智能变电站的网络化传输特点建立在数字化信息的基础之上，具体表现为电子式互感器的采样信息可以通过过程层向各个装置传输。智能变电站与智能电网相互配合，智能变电站通信平台的实时性、可靠性对智能电网也有着较大影响，网络信息技术的应用也在此得以充分体现。

(3) 共享统一化 将信息共享的标准统一化，既是智能变电站的特点也是其最基础的要求，只有统一化的信息模型才能使智能变电站采集信息时的效率变得更高，从而尽可能避免信息重复采集的情况。在统一化的模型支持下，全站的信息、数据都会以统一格式进行存储。

(4) 互动标准化 智能变电站对内需要将全站信息统一化，与其他系统进行标准化的交互，对外则需要与用户、相邻变电站等进行协同互动。智能变电站的高级互动特点能够为智能电网提供更强的支撑力，使其可以在更安全、稳定的状态下运作。

在建设智能变电站时，我们必须要使智能变电站具备上述四个基础特点，并要用网络取代二次电缆，以便规避二次电缆交直流串扰的问题。不过，目前智能变电站中有许多技术还处于不成熟的状态，想要使其从起步、发展阶段过渡到成熟阶段，还有很长的一段路要走。但毋庸置疑的是，随着智能变电站的受重视程度越来越高，各地建设的智能变电站数量也在不断增加，未来的智能变电站的技术会更加先进，设备也会愈发智能化，将为智能电网的运行做出更大的贡献。

1.2 智能变电站的主要组成模块

智能变电站的革新不仅体现在技术上，还体现在设备的构成上。高压设备虽然是每一代变电站都会有的基础设备，但智能变电站通过为高压设备赋予智能化的特征，将其与常规的变电站进行了明显区分。因此，智能高压设备与变电站统一信息平台是智能变电站的主要组成模块，这两大设备模块是支撑智能变电站正常运作的基础。

1.2.1 智能高压设备

随着智能电网的发展，高压设备也迎来了智能化的变革。智能高压设备主要由一次设备与智能组件组合而成，除具备最基础的开关功能以外，在采集数据、监测设备等方面也能发挥较大作用，在设备出现问题时能够第一时间感应到，而后立刻发出预警，以此来提高运维人员解决问题的效率并延长设备的生命周期。智能高压设备主要包括下述几个部件。

（1）高压设备　高压设备与智能技术有机结合后，在原有构成的基础上衍生出了智能变压器、智能高压开关、智能电流互感器等组件。智能变压器囊括了变压器本体中的主要部件，如传感器、执行器、互感器等。为了配合实现智能变电站的智能化、自动化要求，智能变压器将技术应用的重点放在了可视化数据、网络化交互以及诊断故障部件等方面。

与传统的变压器相比，智能变压器的信息交互效果比较明显，而常规形态下的变压器几乎看不到交互行为，也不具备网络化控制的优势。

智能变压器能够在智能化的网络环境下工作，为变压器提供一个可靠、安全的运作条件，在运行过程中智能变压器也要借助传感器去采集实时信息。而智能高压开关的功用主要在于能够对设备进行高效的诊断与监测，是以控制为主的高性能设备。

（2）传感器、控制器　传感器与控制器不能置于一处，前者需以内置形式使用，后者则应外置于高压设备的本体。传感器是一款检测装置，主要的作用就是对被检测到的信息进行处理，使其按照需要变换为不同形式的信息，而后再进行信息的传输。传感系统是电气控制系统的重要构成，同时也是无人值班变电站正常运行的基础，人力成本的节省需要各个智能部件的配合。变电站内设备是否存在过热过载情况、变压器油温是否被控制在合理范围内，这些都是传感器的工作内容，传感器需要将其转化为可接收的电信号，无人值班变电站的可靠性才能有所体现。

（3）智能组件　智能组件是变压器实现智能化必不可少的要素，主要作用是对设备进行监测与控制，主要特征为功能的集成化、信息的互动化等，目前智能组件还有很大的发展空间。可以将智能组件看作变压器与智能变压器之间的桥梁，算是一个过渡的工具，无论是置于本体设备的内部还是外部都可以。

智能组件主要分为两个层级：其一，设备层的主体是高压设备、智能组件，主要作用是进行变电站的测量、监测、保护等，有时还会承担起计量的职责；其二，面向全站的系统层担任了协调、控制的角色，需要处理好站内关联设备的信息，涵盖了包括自动化系统、通信系统在内的多类型子系统。智能变电站的一次设备在应用智能组件时主要包括智能终端、合并单元、状态监测 LED 等部件，所有 LED 都应接入过程层网络，其中合并单元需要与一次互感器结合使用，即对一次互感器传送的电气量进行有规律的处理，而后再将数字信号转发给间隔层的使用装置。

1.2.2　变电站统一信息平台

变电站统一信息平台有别于传统变电站之处就在于能够对信息进行高效整合，使其变得更加标准化、透明化。像计量系统、运动系统、自动化系统等，在过去经常需要配置多台主机来满足子系统的运行要求，一旦设备出现了故障，运维人员的工作量就会大大增加，且解决问题的速度也未必会很快。所以，智能变电站必然要对这一问题进行处理，这时候统一信息平台的作用就能显现出来了。

（1）统一数据源　常规变电站经常会出现的问题如信息孤岛、交叉采集信息等，经统一信息平台的处理可以得到有效缓解，通过对数据源进行统一与简化，使管理系统中上层应用的信息可以统一化、标准化，以此来实现变电站内外的信息交互、共享。统一信息平台可以避免主机数量过多的问题，为智能变电站提供相关测量数据，为其搭建出一个具备高可靠性、高安全性等特征的信息库。

（2）信息互动性　变电站统一信息平台能够实现与大用户之间的互动，通过变电站监控系统与配电系统的衔接来满足对方的互动要求，向其传送电量、电网负荷信息等方面的内容，能够直接带动电网各个环节的协同发展。

智能变电站能够从问题较多的常规变电站发展到如今这样先进、智能的状态，与构成设备的智能化密切相关。设备是支撑变电站运作的主力，如果缺少某一关键设备，那么变电站将难以维持正常的运作状态；如果设备的智能化程度不足，变电站将难以满足社会发展的需要。因此，变电站的变革过程其实也是设备智能化程度不断增强的过程，未来这些设备还有可能会呈现出更先进的形态、被赋予更强大的功能特性。

1.3 智能变电站的六大功能特征

变电站自出现伊始便始终围绕提供更好的电网服务这一目标而发展，智能变电站概莫能外，其发展永远不会脱离智能电网的大背景。智能变电站的功能越是强大，就越能为智能电网的发展做出更大贡献。基于此出发点，智能变电站也具备了以下六大功能特征。

（1）紧密联网　所谓智能化，很大程度上在于可以利用智能技术实现更低人力付出下的稳定运营，智能变电站在整个电网系统中的位置，也要求其承担着相应任务。即大量智能变电站的建成，应有利于促进电网系统各个环节间的紧密联系，实现对不同层次设备的智能化管理、调度。

（2）支撑智能电网　智能变电站的设计、建设与运行应与智能电网相应技术水平趋近，进而实现智能电网整体安全性、可靠性、经济性水平的提高。以此为基础，智能变电站在硬件上应实现与智能电网整体的高度集成化，软件上应实现与电网整体目标的高度配合。

（3）对特高压技术的支持　由于我国能源分布的不均匀性，电力系统常常会出现应用特高压技术开展电力输送的任务，如此一来，智能变电站也必然要与特高压输电技术相匹配，促成特高压技术优势的最大发挥。

（4）分布式电源容纳　伴随风能、太阳能等各类清洁能源技术的发展，未来人们将会拥有更多电力来源。目前此类清洁能源发电方式，存在过于分散、输出不稳定等问题。想要将各类分布式清洁能源电力并入电网，将其输出为可稳定使用的常规电力，不仅市场前景巨大还可为环境保护尽一份力。这少不了智能变电站发挥融合、管理的作用。

（5）远程可视化　智能变电站建成后往往有着不小的占地规模且设备组件众多，仅靠传统的人工检修不仅不够经济且易出现差错。远程可视化智能检修成为必然的发展趋势，不仅可以减少变电站的值班工作量，还可大幅提高变电站的安全运行水平。

（6）设施标准化　标准化是现代设备生产降低成本的重要指标之一，对智能变电站而言，不仅要实现装备设计标准化，还要实现模块化安装。如经由统一接口等方式降低建设与后期维护难度，还可以在设备出厂前完成必要的组装、调试，在不影响运行质量的前提下尽可能缩短施工建设周期。

以上这些功能特征使智能变电站的作用更加强大，但这也要求在建设智能变电站时，需要对其进行更高标准的模块化安装，这样做一方面极大程度地减少了施工人员的工作量，另一方面也提高了智能变电站的标准化水平，使上述功能特征可以稳定实现。

1.4 智能变电站的突出技术优势

智能变电站应用了许多新技术，如柔性交流输电技术、自优化保护技术、智能传感技术等，这些新技术推动了变电站的发展，更能体现其时代性与应用性。

1.4.1 技术应用具有先进性

智能变电站用到了许多新技术，也正是如此才催生出智能变电站的高级应用，使其能够拥有远胜于常规变电站的功能优势。在故障信息方面，智能变电站能够在自主化关键技术的支持下有效降低电网事故出现的概率、提高事故出现后的解决速度。

通过网络信息分析装置，智能变电站运行过程中出现的异常、故障都可以得到有效记录，该装置还会对站内的网络信息进行全面分析，像安全卫士一样牢牢监控二次网络系统的健康情况。告警系统对信息进行过滤筛选，确定异常状况后便会发出告警信号，另一边的运维人员也能快速掌握情况，以此避免故障问题迟迟得不到解决而酿成更大的风险。

无人值班变电站之所以也成为一种发展趋势，主要是因为受智能变电站自动化技术的影响。随着智能变电站自动化程度的加深，人为操作、人工管理相比之前会少很多。通过远程监控技术、图像数字化技术以及辅助系统的装配等，变电站在无人值守的状态下也可以正常运作。在智能变电站自动化运行管理的基础上，变电站的维护工作量也少了很多，工作人员完全可以在线监测站内环境，如对温度、湿度的监测，空调、除湿机等设备运行状态的监测等。

此外，在线监测技术的应用也可以有效延长变电站设备的使用寿命，越早发现设备的故障问题如油温异常、电流泄露等，对设备而言就越好。这就等同于在一个人发高烧前就为其提供相应的治疗一样，等到高烧持续不退的阶段再尝试去治疗，不仅难度会更高，对人体也会产生伤害。智能变电站具备更可靠的运行环境，保护设备安全的同时也能降低突发性事故出现的概率。

1.4.2　实现了低碳环保的效果

在人类推动社会进步的过程中，新技术是必不可少的推动力，但有些新技术就像一把双刃剑，虽然表面上提高了人们的生活质量，带来了便利，但如果从长远角度来考虑的话，却对自然环境造成了较大的危害。人与自然是不能分割的，当自然环境受这些技术、设备的影响而一再恶化时，没有人能独善其身。在智能变电站还没有出现之前，传统变电站对自然环境的弊端主要有下述几种。

（1）噪声污染　变电站的噪声主要来自内部变压器，由于变电站本身的电力性能，有部分变电站不得不被设置到人口密集的地方，这就导致传统变电站的噪声可能会影响到站内运维人员与附近的居民。变电站的噪声会随变压器容量的增加而变大，经测试，有一些容量较大的变压器，在运行时制造出的噪声甚至达到了 86 dB，这已经远远超过了《声环境质量标准》中规定的环境噪声限值。

面对这个问题，智能变电站通过选用吸声材料、改进通风设备、配备降噪系统等方式来努力降低变压器的噪声。当然，将变压器的噪声降到完全合规在现阶段是有一定难度的，但与老式的变压器相比，智能变压器在这方面已取得了较大的技术进步。

（2）能源浪费　传统变电站常会使用充油式互感器与其他的非智能化设备，这就会造成一定的能源浪费，而智能变电站的特点就是尽可能将所有部件都变得智能化，也将充油式互感器替换为更加节能环保的电子互感器。电子互感器不仅能减少能源的浪费、彰显节能环保的设计理念，还能规避很多的风险。

在国家大力倡导发展低碳经济的当下，智能变电站在设计、研发时也遵循了节能环保的原则，能够推动智能电网实现节能减排的目标。智能变电站不仅借助低噪声风机降低了噪声强度，并且因减少电缆的使用而节约了钢铝资源，还减少了对周边环境造成的污染。

此外，智能变电站还使用了大量的电子元件，这些电子元件的优势就是功耗较低，也能有效改善能源的浪费现象。智能变电站对材料、技术都进行了革新，使变电站运作效率更高的同时也提高了环境保护能力，对站内运维人员的保护也实现了升级。

1.4.3　提高了信息的交互性

智能变电站是为电网服务的，无法脱离电网单独存在。变电站在进行革新的时候必须要提高信息交互的能力，因为需要其为电网提供可靠、精准的信息。智能变电站相当于连接智能电网与数据中心的通道，智能电网本身就建立在双向通信的基础上，所以智能变电站的状态也会影响到智能电网的运行效果。

凭借自身的技术优势，智能变电站可以对信息进行更高效的采集与更智能的分析，能够建立统一化、标准化的信息模型，完成信息的内部共享，并且可以与智能电网中级别更高的系统进行交互。智能电网不仅需要打破与用户用电行为之间不畅通的互动阻碍，还要将用户、电网、电源联结起来，以此来搭建电能产生与消耗的平衡关系，而这一切都需要智能变电站的参与。智能变电站有效保证了智能电网的互动效果，使其与传统电网相比在运行时会更加安全、稳定。

1.4.4 电网的运作更加可靠

智能变电站的变革特点就是一次设备智能化，在设计时使用了智能化断路器，并且还加入了自动化技术，使智能变电站可以在独立状态下完成信息的采集与设备的监测、诊断。

此外，智能变电站对传统变电站使用的互感器进行了替换，新型的电子互感器使用寿命更长，既能减少运维成本，也能更好地配合变压器的使用周期，使变电站可以在更稳定、可靠的状态下运行。

智能变电站主要由站控层、间隔层与过程层构成，采取了分层布局的系统形式，即便站控层出现了故障问题、失去了网络监控能力，间隔层依然能够正常工作，对间隔层的设备进行监控管理，而不完全依赖于站控层。智能变电站在设计之初就以先进、可靠为目标，具备独立采集、测量信息的能力，能够辅助智能电网实现自动控制、调节与协同互动等高级功能，同时也极大程度地增强了智能电网的可靠性。

智能变电站的技术优势，成为推动智能电网发展变革的强力支撑，同时也为国民经济的发展奠定了先进基础。

1.5 智能变电站与常规变电站间的不同

智能变电站与常规变电站是不同时期的产物，二者的不同点不仅仅体现在技术上，还体现在设计理念上。基于"系统高度集成，结构布局合理，装备先进适用，经济节能环保，支撑调控一体"的设计理念，智能变电站与常规变电站呈现出显著的区别，具体包括下述方面。

1.5.1　基本结构

在基本结构方面，常规变电站虽具备过程层、间隔层、站控层三层结构，但传统一次设备与间隔层之间的连接全部都通过电缆来完成，网络监控系统由间隔层、站控层组合而成，通常不会涉及过程层网络的概念。常规变电站的统一性不强，不具备统一建模的条件，各类信息比较复杂，且接口为了满足多样化的需求而无法达成兼容的效果，网络环境也并不简洁。常规变电站间隔层的一次设备与二次设备的连接以二次电缆连接的方式为主，二次回路的结构也因此变得更加复杂。

智能变电站在全站信息数字化、信息共享标准化等优势技术条件的支持下，使站控层、间隔层、过程层三大层块的布置变得更加独立，能够在信息的采集、测量、监控等方面更具自主性，以全自动化的形式带动智能变电站的稳定运行。智能变电站在过程层布置了智能变压器、智能断路器等一次设备，各个功能层在保持独立工作形态的同时也会有机结合、紧密相连，有效缓解了常规变电站整体协调性较差的问题，并且对系统的兼容性没有太多限制，能够为智能电网提供更稳定的支撑。

1.5.2　二次回路设计

常规变电站在设计二次回路时，采用电缆连线以实现信息的交换，并使用大量的硬压板，人工操作参与量较大，需采取短接 CT 回路、解除电缆接线等方式来进行安措隔离。而智能变电站的二次回路设计与之相比变化较大，在材料、装置等方面都进行了智能化的革新，最明显的点在于将有形的电缆变成了看不见、摸不着的通信网络。以此方式引入虚端子后，全站的二次设备都能被虚端子连接起来，使模拟信号转变为由光纤连接的数字信号，能够监视通信回路，借助网络配置文件来完成信息之间的交换。

1.5.3　站控层网络

常规变电站与智能变电站在站控层网络的最大区别点在于通信规约的变化。通信规约主要涵盖数据格式、链路管理等约定内容。常规变电站在这个问题上不具备统一性，各个设备厂商针对 IEC103 规约的理解差异度较大，由此导致设备的信息交互能力也会随之下降，不利于为信息共享营造一个良好环境。智能变电站在站控层网络的优势在于能够达成统一，可以在统一规范的引导下通过数据建模来实现信息交互、共享。

1.5.4　设备的革新

在新型技术理念的带动下，智能变电站相关设备必然也会有所更换，不会继续沿用常规变电站的设备，而是会在此基础上加以优化、创新。如在一次设备方面，智能变电站不再使用传统的电磁式互感器，而是选用了更加智能的电子式互感器。

相比之下，电磁式互感器的绝缘结构较复杂，使用的绝缘材料造价较高，电压等级越高的电磁式互感器造价就越高，且设备的安装与维护都很不便捷，运维人员需要承担较大的工作量。在测量时，电磁式互感器还具备频带窄、有磁饱和等问题，且在运行过程中很容易出现铁磁谐振的事故。谐振过电压会导致设备损坏，如果不能在短时间内处理好就会使变电站失电，直接引发电网事故。

应用光纤传感技术的电子式互感器能够有效规避电磁式互感器的诸多缺陷，利用光纤来连接高压与低压的信号，仅具备垂直方向的电场，结构简单且造价不高。在测量方面，电子式互感器频带宽、无磁饱和，且不受二次回路负载的限制。光纤传输使电子式互感器在进行信号输出时的数字化输出优势更明显，并且可以实现共享。而电磁式互感器容易出现的运行安全问题，电子式互感器出现的概率并不高，不会产生铁磁谐振事故，故智能变电站更加可靠。

1.5.5　辅助系统

常规变电站主要采用的视频监控、辅助电源等辅助系统，虽然在一定程度上也为常规变电站提供了技术上的支持，但实际运行时还是会存在诸多问题，如信息孤岛现象、系统联调困难等。这些问题在无形中增加了常规变电站运行过程中的风险隐患，电网也会因此受到影响。智能变电站的辅助系统以远程功能、智能化为主，能够在故障出现后迅速定位，并以远程传输的形式将其转向集控中心，相关运维人员就可以在远程模式下对故障问题进行处理了。

智能变电站与常规变电站的区别有很多。总体来说，随着设计理念与技术手段的良好配合以及数字化趋势的不断发展，智能变电站运用了更多自动化技术，节省了更多人力成本。但是，智能变电站仍处于不断完善的过程，也有许多瑕疵尚未被修复，要经历时间的打磨才会变得更可靠、更高效。

1.6　"新基建"与智能变电站

"新基建"的全称为"新型基础设施建设"，是智慧经济时代中衍生出的概念。

在 2018 年末的中央经济工作会议中，"新基建"被提出并迅速"走红"，"新基建"为基础设施建设赋予了新的定义。现阶段，"新基建"主要涵盖了七大板块：5G、大数据中心、工业互联网、人工智能、新能源汽车充电桩、特高压、城际高速路和城际轨道交通。

其中，特高压与电网的发展密切相连，输电项目商业化意味着国家电网的输送能力会大大增强，细分产业链涵盖了互感器、断路器、变电站监控、避雷器等。从本质上来说，"新基建"的提出就是为了让各类基础设施能够跟上时代的发展节奏，能够与信息数字化、智能化技术融合到一起，带动经济发展的同时也能提高人们的生活质量。

为了响应"新基建"的战略号召，2022 年国家电网计划在电网建设领域投资超过 5 000 亿元，创历史新高。2022 年，国家将大规模启动新一轮特高压建设，并继续努力推进电网的数字化转型进程。"新基建"的大力推进、技术的不断创新、电力工业的转型升级，为智能电网的发展提供了良好环境，智能变电站的创新、布置也因此而受到了更多关注。

现阶段，国家电网提出"打造全业务泛在电力物联网"战略目标，打造能源流、业务流、数据流合一的能源互联网。在继续建设运营好以特高压交流、特高压直流电网为网架、各级电网协调发展的坚强智能电网基础上，融合最新的物联网、人工智能、大数据存储和分析、云计算、移动互联网技术，提高国家电网系统的信息化、智能化、集约化水平，使国家电网能源、资源配置能力不断提高，减少"弃风弃光"，提高能源利用效率和质量。

目前，国家电网在 5G 应用、大数据应用、智能终端、国网云、物联管理平台、报表优化等方面开展泛在电力物联网建设试点，各项应用正在逐步落地。从智能变电站设备运维的特点和要求出发，对物联网技术在设备状态检测、故障智能诊断与分析处理、运维管理等方面的应用前景进行分析，也为智能变电站的建设与运营提供了参考。

智能电网的建设已经被推到了国家战略层面，智能变电站作为智能电网运行过程中必不可少的构成模块、能源转化的核心单元，也有着相当广阔的发展前景。根据国家电网发布的报告，预计在"十四五"期间国家电网会新建超过 7 000 座智能变电站，市场需求量也会不断扩增。社会在不断进步的同时，用电需要量也在持续上涨，这就使电力系统的智能化成了一个必然趋势，智能变电站的环保设计理念也与可持续发展战略相契合，能够更好地满足用户的用电需求。虽然现阶段智能变电站还有许多有待解决的问题，建设规模也没有达到比较普遍的状态，但仍不能否定智能变电站的发展潜力。智能变电站永远都是与智能电网捆绑在一起的，只要智能电网仍处于发展状态，智能变电站的前景就依然广阔，而智能变电站本身的优越性也决定了其重要的地位。

目前，全国各地的智能变电站试点工程大都取得了显著成果，很多智能变电站已经投入运营，国家电网也在加快推进电力物联网的建设。智能变电站已经融入了大数据、移动互联等新时代的技术，有利于优化我国的能源布局情况，如无意外，智能变电站在未来的发展势头会更加猛烈。

第2章　体系架构：智能变电站的自动化体系架构

智能变电站的创新之处在于自动化、网络化程度较高，体系架构相比常规变电站也要更加健全，从"三层两网"的功能层架构中就能够看出智能变电站的架构优势。三大功能层在彼此独立运作的同时又能相互配合，从而使智能变电站的可靠性得以提高。在软、硬件设备的配置上，智能变电站的设备构成也十分丰富，每一个功能层都有专属的硬件配置，软件系统也使智能变电站的自动化程度变得更高。

2.1　智能变电站的架构

智能变电站具有系统分层的特点，具体表现在可以将设备分为三个层次：站控层、间隔层以及过程层。我们可以将其想象为一个有三层布局的屋子，每一层都有各自的功能特点，是整体不可或缺的一部分。

2.1.1　站控层

站控层的主要功能就是汇总全站信息，并且要通过不断刷新的方式来采集最新数据，以此来实现实时收集信息的目标。站控层就像一名指挥家，除了要进行信息的汇总以外，还需保持与调度中心的稳定通信状态，并要对间隔层、过程层的控制进行管理、监控，经筛查出现异常时还会迅速给出告警信号。从总体来看，站控层承担的责任很大，需要处理的事务也有很多，如果没有自动化系统与各种设备的帮助，智能变电站的站控层的可靠性也难以提高。

信息系统赋予了站控层更灵活的信息交互能力，使其能够在接收到调度中心发来的命令后转给间隔层、过程层去执行，在管控这两个层次时，站控层具备在线维护、修改参数等便捷功能。站控层主要由下述设备构成：

首先，自动化站级监视控制系统使站控层能够采集全站实时数据，如状态量、电能量、数字量以及各种保护信号等。当系统检测到母线电压、线路过负荷，或是系统频率出现偏差等异常情况时，它就会通过各种形式触发警报，一般以闪光、信息提示为主。该系统使站控层的运行可靠性更强，也使其能够承担起面向全站设备的监控、告警职责。

其次，对时系统的应用使站控层可以满足实时数据采集时间保持一致的要求，对智能变电站、智能电网而言，该系统的重要意义在于能够帮助运维人员更高效、更准确地完成事故分析工作。有些时间误差在日常生活中或许不算什么，甚至难以被人们注意到，然而在智能变电站的运行中却大不相同，对事故进行系统性分析时，时间序列的精准性是非常重要的。此外，站控层在信息交互方面的功用很明显，通信系统的植入使站控层能够提供站内的人机联系页面，提高了通信网络的可靠性，也降低了通信系统的通信误码率。

2.1.2　间隔层

间隔层，顾名思义是处于过程层与站控层之间的夹层，具备承上启下的通信功能。间隔层的主要作用也是汇总信息，但与站控层不同的是间隔层只负责采集本间隔、过程层的实时信息，而并非面向全站。间隔层的装置类型主要包括下述几类。

保护装置的主要任务就是完成对某一间隔设备的保护与控制，如变压器、母线、断路器等；测控装置是间隔层的必备构成，同时也是变电站自动化系统中必不可少的一部分，其主要职责与电气间隔有关，如测量电压、电流，控制隔离开关、接地开关等；公用间隔层装置，主要负责信息的采集与处理，会面向直流系统故障信号、通信故障信号、火灾报警控制回路故障信号等一系列公用信号，能够为智能变电站的用电系统提供可靠保护，使其能够安稳运行。

间隔层本身所处的特殊位置，致使其必须要完成同过程层、站控层之间的网络通信。所以在网络接口的布置上，智能变电站的间隔层也采取了全双工的形式，即能够同时完成信息的接收与传输，且不受物理距离的限制，而半双工在同一时间只能在信息的接收与传输中做单向选择，这样的接口处理使间隔层能够保证网络通信的可靠性。

由不同装置组成的间隔层，会直接同站控层建立联系，也可通过数据管理机与站控层通信。但在站控层的网络出现异常情况、无法进行通信时，间隔层也不会受到太大的干扰，仍可以独立完成信息采集与设备监控的工作。

2.1.3　过程层

过程层的网络化、智能化在常规变电站中难以得到体现，或者说大部分常规变电站根本不具备过程层这一层次。但在智能变电站中，使一次设备与二次设备有机结合的过程层却能发挥较大的作用。过程层的主要功能可以分为三类。

（1）过程层可以在电力运行时实时进行电气量的检测，检测内容主要包括电流、电功率、相位、电压幅值等。在过去，检测电气量的方法主要采用电磁式互感器，通过电磁作用来进行检测，而智能变电站则用电子式互感器将其取代，电气量的检测技术也得到了进一步的提升。

（2）过程层还会对运行设备的状态参数进行检测，参与检测的设备主要有断路器、变压器、电抗器等，过程层需要检测温度、压力、密度等数据是否在正常状态。

（3）过程层要对变压器的分接头进行调节与控制，要保证变压器能有一个额定的输出电压，即在低压侧电压偏低时，变压器的分接头也需要向低调节，偏高时则要随之向高调节。另外，过程层还需控制好直流电源的充放电控制，以及对断路器开关的合分控制。

综上所述，站控层、间隔层、过程层是有交集的，会通过信息交互与监控管理等方式来建立联系，其中站控层的任务以全面全站为主，间隔层需要发挥承上启下的作用，过程层则以检测、控制的功用为主。

2.2 站控层网络与过程层网络

"三层两网"是对智能变电站结构上的概述，其中"三层"指的就是站控层、间隔层与过程层，而"两网"则是指站控层网络与过程层网络。过程层网络是智能变电站的专属，在常规变电站中没有体现。

2.2.1 站控层网络

站控层网络涵盖了多样化的子系统，如站域控制系统、通信系统、对时系统等，且功能具备高度集成的特点，无论是置入一台还是多台计算机都可以实现。站控层网络要传输 MMS 报文、GOOSE 报文等，其中 MMS 是一种应用协议，主要功用是使不同制造商生产的设备具备互操作性，能够互联互通，是专门用于工业控制系统的标准化通信协议，能够使系统集成的效果变得更好。

MMS 服务可以实现网络信息的交互以及文件的传输，主要用于监控系统，能够与用户完成通信。当客户端发出服务请求的命令时，服务器会在接收到服务指令后执行相关操作，而后在操作成功的前提下发送服务响应报文，客户端由此收到确认信息。客户端指的是智能变电站的后台监控主机、运动装置等，即站控层网络传输的 MMS 报文可以完成站控层与间隔层之间的通信。

如果没有 MMS 服务的辅助,智能变电站的通信过程很容易受到干扰,因为不同厂家的装置在系统、软硬件结构等方面存在差异,即便是同一个厂家,也会生产不同型号的产品。在此情况下,如果不能将各个装置的通信内容、方式规范化、统一化,客户端将很难与不同型号的装置建立通信。

而 GOOSE 报文同样也能满足智能变电站自动化系统的报文需求,也会用于过程层与间隔层设备的通信,主要传输五防闭锁的信息。其中五防主要指防止误分、合断路器,防止带负荷分、合隔离开关等,GOOSE 报文传输相关信息主要是为了防止运维人员因操作不当或出现了顺序上的不正确跳跃而引发的事故,能够保障运维人员的安全。

站控层网络的通信设备主要有数据通信控制器、保护管理机等。其中,数据通信控制器的作用是与其他装置如数据采集装置展开通信,目的是采集变电站运行过程中的实时数据,并将其转至电网调度系统。另一方面,数据通信控制器还能接收来自电网调度系统的操作指令,主要针对断路器、隔离开关等设备。保护管理机的作用也以通信为主,是一款规约转换装置,主要职责是将二次设备统一接到一个装置中,而后再对其进行可识别的信号转换,再将信号传输给监控系统。

2.2.2 过程层网络

过程层网络被视为智能变电站的核心,换句话说过程层网络结构的科学性、合理性越高,智能变电站与智能电网的稳定性就越强。目前,过程层网络的组网方式集中于下述几点。

比较典型也比较常见的组网方式是双重化单网方式,智能变电站需建立两个过程层的网络,这里可以简称为 A 网与 B 网,与其配套的是保护装置 A 与保护装置 B。双重化单网的组网方式优势在于不需要较多交换机,因为每台保护装置只对接一个过程层网络,且双重网络不会相互影响,因此可以有效降低成本。但是,这种方式也存在一定的问题,如某一台交换机出现故障的时候,与其相连的所有设备工作状态也会产生异常,有很大概率会对变电站的运行造成影响。

而双重化双网的组网方式,则需要建立四个过程性网络,与双重化单网方式的区别在于一个保护装置需要接入两个过程性网络,有效规避了交换机损坏对系统状态的影响,降低了智能变电站的运行风险。主变间隔过程层的网络结构,会在高压侧配置 A、B 双网,接入 220 kV 的过程层网络,中低压侧在配置双网的同时接入 110 kV 的过程层网络。这种组网方式会复杂很多,其中遥控监测以 A 网为主。

过程层网络在采集信息时需要面向全站，还要保护二次设备、对信号进行调控，过程层网络的稳定性与智能变电站的稳定性密切相关。所以为了保证过程层网络的稳定通信状态与网络安全性，过程层网络经常会用 VLAN 技术来进行报文过滤。VLAN 即虚拟局域网，不会对物理条件进行改变，也不会受到物理位置的局限，在间隔层与过程层传输大量信息的前提下，VLAN 能够有效控制流量。

过程层网络传输的报文以 GOOSE 和 SV 为主，可以将 SV 报文理解为采样值，SV 服务能够交换采样值的模型对象。处于过程层网络的 SV 网，能够采集测控、计量等装置的数据信息，能够满足过程层网络信息传输的实时性要求。过程层网络是智能变电站有别于常规变电站的一个重要区分点，其网络结构呈现出了多样化的特征，但每种结构都各有利弊，目前为止不存在绝对完美的结构。

2.3 综合集成的智能变电站系统架构

随着变电站的转型升级，从常规变电站到智能变电站，变电站的集成化程度也越来越高，并且集成化成为智能变电站在未来深入发展的趋势。智能变电站的集成化在三个层次中都有体现，主要体现在设备与系统上。集成化技术的应用减少了智能变电站的组件数量，也使站内接线变得更加简洁，从而提高了智能变电站在运行时的可靠性。

在此基础上，智能变电站的系统架构也具备综合集成的特征，可以将其分为两个层次：智能化的设备层与变电站层。先来介绍智能设备层，该层次的构成主要包括 CIID（综合集成化智能装置）与高压一次设备两大部分，二者能够借助互感器与传感器建立联系。此外，智能变电站的系统架构中还具备柔性交流输电装置，该装置可以细分为串、并联补偿装置与综合控制装置。

其中，串联补偿装置的作用是扩大系统的输送容量，并联补偿装置则以调整电压、强化电压的稳定性为主。而综合控制装置的功用为能够实现电力系统的阻尼振荡，也具备提高系统稳定性的优势。柔性交流输电系统的存在能够使智能变电站的电力传输能力变得更强，提高现有线路的使用效率。

CIID 是智能变电站系统架构的关键，同时也是智能变电站综合自动化系统中实时监测、控制、调节、保护等功能的集成中心。IEC61850 这一专用于电力系统的全球通用标准，提出了信息分层的概念，还对过程层与间隔层的功能进行了定义，而具备综合集成性的 CIID 则能够满足 IEC61850 提出的功能要求。基于智能变电站系统架构的布置，CIID 作为自动化系统功能集成的核心，能够发挥重要作用。

至于变电站层，自然也离不开对 CIID 的应用。智能变电站会安装多个 CIID，而变电站层的功能以对各个 CIID 的管理协调为主，可以帮助智能变电站实现与调度中心以及其他智能变电站的信息互联。

CIID 主要由下述几个模块构成。

(1) 现场测控　CIID 能够接收由变电站时钟系统提供的时间基准信号，该信号具备高可靠性的特点，而接收到同步时钟信号的 CIID 可以实现对各类采样值的同步采集，并为这些数据贴上统一化的时间标签。除此之外，CIID 还可以接收来自继电保护装置的控制命令，即在电力系统出现故障、异常时可以及时发出告警信号，并向被其所控制的断路器发出跳闸命令。

(2) 网络通信　就像 CIID 是智能变电站系统架构中的核心一样，网络通信装置也是 CIID 的核心，因为具备集成功能的 CIID 需要同其他 CIID 中的功能装置进行信息交互，同时也要通过标准化的接口去接收来自变电站层的操作命令、向变电站层输送信息。网络通信装置面向的是所有功能装置的信息，通过对其进行高效管控以提高信息交互的效率。另外，智能化现场测控装置与网络通信装置的交互是必要的，因为智能化现场测控装置本身承担的是构建标准化信息平台的职责。

(3) 继电保护　继电保护装置是一种智能化的测试仪器，能够在感应到相关设备或电力系统出现异常时迅速做出反应，通过智能化现场测控装置接收信息后实施自动化措施，以避免更严重的情况发生，在 CIID 的各类板块中属于优先级别最高的那一类。

(4) 统一数据存储　统一数据存储模块的主要作用就是存储各种经测量后得到的信息，如模拟量、开关量等，并且能够与系统架构内的其他功能模块完成交互，即实现存储信息的输送。此外，统一数据存储模块还会对信息进行标准化的分类管理。

CIID 内部交互以总线结构为主，外部交互以网络通信为核心、以标准化接口为前提条件，实现同其他 CIID 的通信交互。如果想要保证各个功能装置的独立性，在彼此进行交互的同时降低交互导致的功能间的影响，就要让 CPU 去单独处理其对接的功能装置。集成式的智能变电站，会采用大量具备集成优势的智能设备，相比常规变电站会更有"智慧"。

2.4　功能架构的硬件组成

智能变电站相比于常规变电站，不仅多了过程层这一新型功能层，在硬件设备的配置方面也进行了较大程度的革新。智能变电站的三层功能架构，每一层都有专用的组成硬件，这些硬件设备能够使智能变电站的可靠性变得更强。

2.4.1　站控层设备

站控层面向全站，且要实现对间隔层、过程层的管控，是一个中心控制层，因此在进行硬件设备的配置时，也要向综合化、集成化看齐。首先，主机是站控层必不可少的组成硬件，相当于人的大脑，是站控层完成全站信息采集、处理与存储的核心，没有主机的站控层无法正常运行，就连最基础的本职工作都无法完成。

操作员站的主要职责是实现站内的有效监控，通常由计算机、打印机、CRT 显示器等组件构成。操作员站需要对系统内的模拟量、数字量等进行监控，能够以可视化形式进行图形与报表的展现，还能显示操作指导与报警状态，支持相关设备运行状态、参数与事件记录的查询。操作员站可以对手动或自动方式进行选择，还能控制驱动装置、建立趋势画面。

与操作员站功能相似的硬件组成还有工程师站，工程师站具备操作员站中的大部分功能，能够对监控系统进行高效的维护与管理，这一项功能只能在工程师站中完成。此外，工程师站还可以对数据库、系统参数、报表等进行定义与修改。工程师站具备的权限允许其修改设备名称或相关定值，而操作员站则以远程运作为主，权限深度不及工程师站。

远动通信设备能够通过 IEC61850 规约完成向各级调度进行的信号传输，该硬件设备不仅是站控层的必要组成，还是无人值守变电站保持安全、稳定运行状态的必备组件。远动通信设备能够与间隔层设备进行通信，在向调度端发送信号的同时也能接收来自调度端的命令，如调节主变压器的挡位。为了提高智能变电站的可靠性，通常要配置两台远动通信设备的冗余配置，并要配合运行主双机等模式。这种布置的优势在于哪怕一台远动通信设备出现了故障，另一台也不会受其影响，而是会继续保持与主站之间的通信，有利于调度端能够持续对智能变电站的状态进行监控，这也是无人值守变电站对其如此重视的主要原因。

除此之外，站控层还需要配置五防工作站。该工作站需要面向全站设备，能够降低事故发生的概率，工作站会事先将站内的设备操作规则写进系统中，以此来实现模拟开票的功能。五防工作站需要以已经写好的设备操作规则为依据，结合监测到的设备运行状态来判断其是否满足正常、安全的操作要求，遥控操作只有在五防工作站向监控系统传输允许指令的时候才能实现。而打印机、音响报警装置等硬件设备，也是站控层的必备组件。

2.4.2　间隔层装置

起着承上启下作用的间隔层，通常由继电保护装置、测控装置、故障录波装置等硬件设备构成。其中，继电保护装置是电力系统中的重要物理装置，由测量比较、逻辑判断、执行输出这三类主要元件组成。继电保护装置的运行主要依赖于电气量与物理量的变化，因为相关参数在设备正常运行与出现故障时的数值是不一样的，而继电保护装置正是利用了这种变化，以此来迅速做出检测、识别、告警等系列反应。

继电保护装置的反应速度必须要快，这样才能使其迅速切除短路故障，使系统能够在短时间内恢复正常，并且能够有效降低设备与线路的损坏程度，增加其使用寿命，节约维修成本。无论是哪种电力设备，在继电保护装置没有启动的前提下都不能运行。

测控装置也经历了许多的变革阶段，早期常规变电站的测控装置主要由继电器、测量仪表等组件构成，但整体性能偏低。而到了智能变电站的时期，测控装置的有效性、可靠性得到了显著提高，能够对模拟量、开关量、温度量、直流量等进行高精度的测量，也会根据相应的逻辑编程对开关控制、模拟电路控制等进行控制与调节。

故障录波装置的作用也以检测电网故障为主，能够帮助运维人员通过对故障过程波形图的分析来精准定位故障地点，从而快速制订出解决故障问题的对策。另一方面，故障录波装置还能起到防患于未然的作用，即通过监测站内系统的运行状态来提前接收告警信号，以此来降低出现事故的概率。但从总体来说，故障录波装置的主场还是在事故分析方面，与之功能相似的装置还有稳控装置，这也是间隔层的组成硬件中之一，同样能够为电网的稳定性做出贡献。

2.4.3　过程层设备

过程层是智能变电站的技术创新所在，硬件设备主要包括合并单元、智能终端、隔离开关、非常规互感器等。其中，合并单元对过程层有着重要意义，因为其能够帮助过程层实现信息数字化与数据共享，是过程层的关键设备，并且随着智能变电站自动化技术的进步，合并单元的性能也会随之提高。简而言之，合并单元的主要作用是对一次互感器传输来的电流、电压量等进行转换处理，再将规范化的数字信号输送给间隔层中的测控装置。

智能终端在功能上与继电保护装置比较相似，能够实现信号的采集、信息的转换等功能，能够实现对一次设备的测控。隔离开关是一种用于电路隔离的开关设备，能够接通或断开小电流的电路，也能提供一个电气间隔以降低维修人员在检修设备时的风险。而非常规互感器也是智能变电站与常规变电站在设备方面的明显区别，即常规变电站通常以电磁型互感器为主，而智能变电站则以电子互感器为主——电子互感器是非常规互感器的一个分类，另一种是光学互感器。

电子互感器应用了光纤传感技术，具备小体积、绝缘可靠等优势，在变电站发展到数字化阶段的时候就已经开始投入使用，目前在智能变电站中的应用也非常广泛。通过光缆传输信号的方式，电子互感器既能减少电缆线路的使用，也能提高智能变电站运行时的可靠性。

2.5　软件系统及网络通信架构

电力系统的发展速度越来越快，有效改善了早先时候常规变电站远程技术不足的局限。在智能变电站出现后大大节省了人力资源，不必再派人进行现场巡查、值守，同时增强了对变电站安全性的保护力度。在智能变电站的运行场景中，远程技术的应用非常关键，而智能变电站的软件系统也与其密切相关，主要集中在站控层这一功能层。由于站控层在三个功能层中的工作范围最大，且功能必须要满足高度集成的要求，因此需要各类系统的支撑。

2.5.1　站控系统

站控系统是一套完整的控制系统，主要功能是采集、存储信息，在感应到参数变化时，经判断后会发出警报，信息响应速度较快且具有完备的信息分析能力，并且能够自动维护系统存储的数据。

2.5.2　站监视系统

顾名思义，站监视系统的主要职责就是监测，面向的是站内所有处于运行状态的电力设备。站监视系统需要与站控系统进行良好配合，即站监视系统需要为站控系统提供相应的参数信息，以此来帮助站控系统对设备的运行状态做出判断。想要提高智能变电站的可靠性、安全性，就必须要让站内的所有设备都被监视系统覆盖，监视系统就像过去的巡查者一样，能够将设备的运行信息尽数掌握在手中。

2.5.3 通信系统

通信系统像一个中心枢纽，需要将各类设备连接起来，在现代化通信技术推动下，智能变电站的通信系统也变得愈发强大。通信系统能够实现信息的交互，要具备快速通信的能力，同时要达到易于访问、不同设备间可互操作等要求。如果通信系统不能保证传送时间的话，变电站的实时操作也会受到影响。

2.5.4 对时系统

在智能变电站的对时系统中，时间的精度是非常重要的，因为电力系统并非静止，而是会在每分每秒——或者说每个时刻都在发生变化，所以只有能够达到微秒级程度的对时系统才能满足变电站运维人员的需求。像电子互感器、交换机、合并单元等硬件设备，必须要以统一的时间基准为前提才能运行，以实现系统的时间同步，这也是智能变电站需要对时系统的主要原因。

其中，脉冲对时方式的精度虽然很高，但缺陷也非常致命：如果时间源本身就出现了差错，那高精度的优势也将直接被磨灭，这是一种硬对时的方式。与之相对的是软对时，这种对时方式能够有效规避硬对时数据源出差错的风险，即可以直接提供时间的信息，但缺陷是精度较低。所以，将这两种软硬对时方式进行有机结合才是最有效的。

2.5.5 站域保护系统

站域保护系统是一种新型系统，与常规变电站选用的保护装置相比，成本会大大降低。该系统能够面向全站保护站内所有的电力设备，统一实现多间隔的主保护与后备保护，具备较强的信息容错性能，可以分为对时子系统、采样子系统等。

在设计、开发、应用智能变电站的软件系统时，至少需要满足三项基本要求：其一，系统需满足先进性、现代化的要求，否则将难以同常规变电站区分开来，且不能有效规避传统时期变电站的一些问题；其二，必须具备智能化的特性，智能化永远都没有"最高"一说，因为技术始终处于不断进步的状态，所以智能变电站的系统也要满足智能化的要求，要不断提高各类系统技术的智能化程度；其三，系统需满足模块化的要求，以便在更换设备时还能拥有可替换性的优势。

通信系统在智能变电站的软件系统布局中有着较高地位，在设计智能变电站的网络通信架构时，通常要考虑到网络的实时性、经济性、可靠性等。智能变电站需要提高站内设备的灵活配置度，所以需要减少交换机的数量，以实现成本的减少与网络架构的简化。当前，站控层常采用的是双星型冗余网络架构，该架构中的两个中心节点会由多个普通的交换节点构成，主要优势在于能够通过两个独立的通信网来实现网络冗余，以保证变电站通信的稳定性、可靠性。

2.6　智能变电站功能架构的设计理念

智能变电站作为一种现代化、高级化的技术产物，在对其进行功能架构的设计时也需遵循一定的原则，这样才能使智能变电站更适应时代发展的节奏与社会当前的用电需要。

智能变电站的出现确实能够为现代社会的人们带来较多便利，使其在用电时能够获得更优体验、与变电站完成灵活的信息交互。但是，便利并不是唯一的要求，如果只注重便利而忽视了低碳、经济的理念，那其实会埋下很多风险隐患。智能变电站之所以能够迎合当前的社会发展趋势、拥有广阔的发展前景，主要是因为其在功能架构方面具备安全性高、节能环保、经济可靠等优势。

第十六届中国科学家论坛上，具备绿色环保特点的智能变电站在此亮相，相关负责人在大会中分享了与变电站有关的设计理念，即着眼于低碳、节能、安全、环保、低噪音、长使用寿命与建筑寿命。该智能变电站的功能多样化，能够实时显示电压、电流、用电量，站内的自动化控制能力强，同时选取了更加先进的组件，增强了智能变电站的防火能力且不会产生有毒气体，在噪声方面也进行了有效控制。参照该智能变电站在功能架构方面的设计原理，可以总结一下智能变电站功能架构的常规设计原则。

2.6.1　延长设备生命周期

智能变电站在设计功能架构、选择软硬件的组件时，必须要遵循延长设备生命周期的原则。所以能够看到的是，目前所有的智能变电站都在数据采集、系统监控、自动告警等方面有着显著成果，目的就是在赋予设备智能化特性的基础上，尽可能提高智能变电站预警的能力，以减少设备受损的概率或是尽可能降低损害的程度。

2.6.2　节约资源

智能变电站的建设需要满足节约资源的要求，因此在设计功能架构时也要以此为设计原则，充分实现智能变电站在资金、能源、土地等方面的节约。拿河南省首座 220 kV 的智能变电站鄢陵变电站来举例，该变电站在节约资源这方面可谓是相当优秀，同常规变电站相比，节约了 40% 的建筑面积，另外还用光纤光缆替代了常规变电站的控制电缆，直接省下了多达 46 km 的电缆，极大程度地节省了制作电缆的金属材料，能够促进社会经济效益的提升。

与之情况相似的变电站还有无锡市的西泾变电站，该变电站通过应用物联网技术、远程测控网络等多方面功能设备，成功打造出了在无人值班的前提下也能安稳运行的智能变电站。西泾变电站节省了较大的人力成本，往常在现场工作的运维人员，现在完全可以通过远程监控的形式观察变电站的运行状态，并能够在变电站自动化告警功能的支持下节省很多精力。通过将常规变电站的功能架构变得更加智能化，西泾变电站实现了网络通信、智能决策等多方面功能的集成。据统计，西泾变电站建成后，每年省下的运行费用多达 146 万元。

这两个省市的变电站只是一个代表，事实上很多试点城市在设计、建设智能变电站时也都遵循了节约资源的原则，土地利用率由此得到了提高，资源配置也进一步得到了优化。

2.6.3　绿色环保

智能变电站的功能架构需满足绿色环保的设计原则，如上海首座投入运营的智能变电站，就在降噪方面做出了较大的努力：变压器的墙面贴上了许多的吸声材料，原始的进风窗也改成了月牙形的消声通风窗。

另外，变压器如果出现渗油、漏油的问题，不仅会影响变压器的运行状态，还有可能会造成环境污染。当矿物油污染土地时，这种情况会对环境造成很恶劣的影响。因此，上海的这座智能变电站还针对这一可能出现的风险情况提前做好了防范：若主变压器出现漏油事故，那矿物油将会直接流入事先准备好的油池中，不会造成更大范围的污染，与下水道也会完全隔离。

2.6.4　运行管理可视化

状态可视化是智能变电站的技术特征之一，同时也是智能变电站功能架构的设计原则。可视化系统、技术的应用，对智能变电站的运维、检修人员来说也是一个福音。无论是数据监测还是智能巡检，可视化的应用都很重要。

总之，要带着全局性、长远发展的理念去设计智能变电站的功能架构，不能将智能变电站与社会、自然这一整体环境割裂。

第3章 术语定义：智能变电站运维过程相关术语

尽管智能变电站在新技术的应用下能够拥有自动化、智能化等突出优势，但不代表其可以完全脱离人工的运维，适当的人力操作还是必不可少的。而智能变电站在运维过程中，必须要严格遵从电力单位的运维规范，每一个运维情景都要使用专业术语，无论是交流还是记录，专业术语的存在都能使运维过程变得更加高效。

3.1 一次设备

智能变电站是在常规变电站的设备基础上衍生而来的，同时也继承了其在电力设备方面的分类，主要可分为一次设备与二次设备。其中，一次设备会直接与电力系统的高压电网相连，也会参与到电力能源的生产、输送、分配与应用等重要环节。一次设备涵盖的设备范围较大，主要的设备构成包括下述几种。

3.1.1 变压器

变压器主要应用了电磁感应原理，能够通过该原理来实现交流电压的相互转换，构成材料需满足抗腐蚀性、减少耗能等要求，以铁芯、浸渍等类型的材料为主。变压器的主要功用在于能够更大程度地保证居民的用电安全，无论是哪种类型的变压器都不会改变电磁感应的应用原理，可以在不改变电源的前提下实现交流电压数值的转换。此外，变压器还具备阻抗变换的功能，常用于电子电路，变压器起到的作用就是进行阻抗匹配，以实现信号的高效流动。

变压器的类型多样，电力变压器、配电变压器、干式变压器等都是比较常见的类型，其中干式变压器近年来在国内的热度比较高，但碍于价格限制还未普及。变压器在革新过程中也经历了技术方面的转型升级，目前节能技术是一个受到人们广泛关注的热点。

3.1.2 高压断路器

高压断路器又称高压开关，是智能变电站一次设备的主要构成，能够对高压电路中的空载电流、负荷电流进行切断或闭合。在电路系统正常运行时，高压断路器可以按照需要去改变系统的连接关系；在电路系统出现故障时，高压断路器能够将故障设备与系统的电气连接切断，在继电保护装置的基础上将电路迅速断开。由此可见，高压断路器的作用以控制和保护为主，能够在事故发生时缩小停电范围、降低设备损耗。

3.1.3 隔离开关

隔离开关与高压断路器在功能上有一定的相似之处，但并不具备断开负荷电流的能力。隔离开关主要用于连接或切断小电流电路，通常会与高压断路器搭配使用，能够更好地保证高压电器的检修安全，起到隔离电压的作用。隔离开关不具备灭弧功能，即当电源电压大于数十伏时，隔离开关无法熄灭电弧。

隔离开关的类型划分依据有很多，可以根据电压等级、安装方式等进行分类，前者可分为高、低压隔离开关两种类型。隔离开关的故障原因通常集中于负荷过重导致的接触部分过热，错误的拉、合闸方式等，当隔离开关失灵时首先应检查操作是否合规，然后再去依次检查操作电源、动力电源的回路是否完好等。

3.1.4 接地开关

接地开关一般是隔离开关的组成部分，但除特殊需求以外，接地开关通常会处于断开的状态。在安装时，接地开关一端应与智能变电站的接地网连接，另一端要与带电设备相连。接地开关的作用以保障设备检修人员的人身安全与关合短路电流为主，通常会分为检修用接地开关与故障快速关合接地开关两类。

3.1.5 母线

母线是用于满足用电负荷、汇集并输送电能的连接导体，可以分为硬母线、软母线与封闭母线三种类型。母线的功能特点主要包括下述几类：

其一，母线损耗功率较低，与传统电缆相比不易老化、发热，能够实现资金的节约；其二，母线的安全性、可靠性较高，因为插接式母线槽主要由金属板、绝缘材料构成，是高强度的封闭母线，能够保护母线规避机械损伤、动物损害，可以增强接地的可靠性，使运维人员在进行现场接地时更加安全；其三，与传统的电缆线路相比，母线能够合并分支回路、进行线路优化，而电缆的应用则会使电气系统更加复杂。

3.1.6 避雷器

避雷器，顾名思义是一种用于保护电力系统、电气设备免受高瞬态过电压危害的元件，例如当设备受雷击影响遭受了极高电涌的损害时，避雷器就可以通过限制电压赋值来保护电气设备、使其能够迅速恢复到正常的通信状态。

为了更好地保护设备，避雷器通常会与被保护设备并联，只有在电压出现异常情况的时候，避雷器才会有所行动，常规时期避雷器不会有任何动作。避雷器可分为有金属氧化物避雷器、全绝缘复合外套金属氧化物避雷器等，虽然不同类型的避雷器在应用原理方面也存在差异，但核心的保护作用并没有改变。

3.1.7　电容器

电容器是存储电荷的元件，主要结构为两个极板夹上绝缘电介质。用于不同电路中的电容器有着不同的作用，例如用于耦合电路中的电容器具备通交隔直的作用，即交流电流能够通过电容器，直流电流则不能通过。而用于滤波电路中的电容器，则能够起到将总信号中特定频段内的信号滤除的作用，即一定频率范围内的信号可以正常通过，另一部分特定频率的信号则会被阻止。

如果以滤波为依据对电容器进行类型划分，其可以分为纸介电容器、铝电解电容器等，每种类型的电容器都有各自的优缺点。当电容器出现外壳膨胀漏油、内部有异常声响等故障情形时，需要立刻将电源切断，以避免事故进一步扩大。

3.1.8　电抗器

电抗器又称电感器，是用来将电能转换为磁能进行存储的元件，电力系统中的电抗器的接入方式有串联与并联两种。电抗器能够有效防止发电机可能出现的自励磁谐振现象，降低线路的功率损失。生命周期与其构成材料密切相关，通常高温是导致材料老化的主要原因。

3.2　二次设备

凡是能够对智能变电站一次设备起到监测、控制、保护等辅助作用的设备，统称为二次设备，其不会直接与电能产生联系。与二次设备有关的常见术语主要包括下述几类。

3.2.1　二次回路

由二次设备如继电保护装置、远动装置等相互连接而构成的回路称为二次回路，是一种能够监测、保护一次设备的电力回路，能够监测、调控一次回路中各参数与元件的运行状况。二次回路的范围较大，可分为多种类型：

（1）信号回路 信号回路主要由信号继电器、操作机构等构成，是通向中央信号的回路，可以细分为事故信号、位置信号、预告信号等，像一次设备中断路器出现跳闸事故时发出的信号就属于事故信号。而预告信号同样也是在设备发生故障时才会有所动作，例如交流电网绝缘下降、发电机过负荷等，通常会以警铃、灯光等形式来进行告警。

信号回路需要满足反应速度快、声光信号明显等要求，并要让不同类型的信号在发出时有明显的区别，具体可分为掉牌信号、光字牌信号、音响信号这三大类型。其中，掉牌信号主要通过信号继电器来实现；音响信号面向全站，一方面为了迅速引起相关人员的注意，另一方面不同音响可区分不同信号，事故信号为蜂鸣器声，预告信号则以警铃为主。

（2）控制回路 控制器以一个输入量为依据，遵循相关规定与算法去计算输出量，由二者构成的就是一个控制回路。控制回路能够显示断路器的位置状态，具有完好的跳、合闸闭锁回路以及防跳回路，能够实现针对一次设备进行的分、合操作。

（3）继电保护和自动装置回路 继电保护和自动装置回路的存在增强了电力系统的可靠性，能够在检测到一次设备的运行参数、状态下，对其是否处于正常运行状态做出判断，如判断结果为存在故障、异常现象，便会有选择性地切除故障并进行信号告警，一般出现在断路器跳闸或电力系统出现不正常工作状态的场景中。按照保护动作对继电保护进行分类，可以分为过电流保护、距离保护、瓦斯保护等。

过电流保护主要指被保护元件的电流超过了预定最大值时，保护装置便会有所动作，就像很多设备都会有额定电流一样，当电流超过了额定电流时，设备便会自动断电。距离保护能够反映出保护安装点与故障点之间的距离，距离越近阻抗继电器的动作时间就越短，反之动作时间就越长。而瓦斯保护作为变压器的主要保护，能够将油箱中的各种故障情形如铁芯故障、多相短路等反映出来，但局限性在于仅能观测油箱内部，无法反映外部故障。

（4）测量回路 测量回路也是继电保护和自动装置回路中的一部分，主要作用是监测、采集一次设备的运行参数，目的是让相关人员能够更及时、更准确地掌握一次设备运行情况。目前，测量回路多数已经能够借助计算机监测系统来完成。

3.2.2 二次接线图

二次接线图，主要指专门用二次设备特定的图形、文字符号等来梳理、展示二次设备连接情况的电气接线图，可分为二次电路图与安装接线图。后者主要用于二次回路的安装接线，而前者则是构建后者的依据，需要对二次电路的构成、连接关系等进行详细说明。二次接线图的图形、符号等都以国家的统一规定为标准，不同的图形符号代表不同的元件，如信号继电器、继电器延时闭合的动合触点等。

3.2.3　操作电源系统

操作电源是二次设备的结构，主要用于二次设备的供电，应满足无论在任何情况下——即便出现了较严重的事故，都依然能够持续供电的要求。而操作电源系统在支撑智能变电站可靠性的场景中也承担了较大的责任，即操作电源系统越是可靠，智能变电站的运行就越令人放心。另外，操作电源系统也是二次回路的结构。

3.2.4　电测计量

电测的全称是电磁测量，而计量是电测的一部分，常用的电测仪器有电测仪表、电能表、电量送变器等。电测仪表可分为指针式与数字式两类，后者的可视化效果更强，能够直接用数字显示被测量值，而电量送变器能够实现被测量参数与直流电流、电压之间的转变。通过相关仪器对一次设备的运行参数进行监测，数据的精准度会变得更高。

3.2.5　电力系统调度自动化

电力系统调度自动化是一个集数据采集、监控、安全分析等功能为一体的综合化系统，能够帮助相关人员随时了解电力系统的运行状况。

3.2.6　阻波器

阻波器需要同输电线路串联起来，能够减少高频能量的损耗，它也是继电保护装置中的重要元件，主要作用是避免高频信号向变电站母线或分支线泄漏，减少高频能量损耗，即阻止高频电流通过，而能让工频电流通过，通常由主线圈、调谐装置、保护装置构成。

3.3　倒闸操作的一般流程

电气设备的运行状态主要分为三种，分别是运行、备用与检修，而倒闸则是指设备状态切换的过程，为改变这种状态而进行的操作称为倒闸操作。但是，倒闸并不是随便就能实施的，必须要遵循常规的倒闸操作流程，否则可能会因为操作的不规范而引发一系列事故。智能变电站的倒闸操作流程通常包括下述几个环节。

（1）接收操作任务　倒闸操作需要先由值班调度员或负责人接受调度命令，在此期间双方需要用专业、规范的操作术语交流，在受令人复诵无误的前提下才能执行，并要做好录音。发令人需要与受令人互报姓名，根据指令任务做好相关记录。

（2）填写操作票　值班负责人接受任务后，需要将指令内容传递给相应的操作员、监护人，而后操作人需核对设备的运行状态，对照倒闸操作的模拟图去填写操作票。操作票是电力系统专用的一种书面依据，填写目的是防止操作出错，主要内容包括操作票的编号、任务、倒闸操作的顺序、发令人与受令人、操作员与监护人的信息等。填写操作票时需注意，操作内容只能写设备的编号，但操作项目需将设备的编号、名称都写上去。

（3）审核操作票　操作表填写完毕后，填写者即操作人首先需要对操作票的内容进行自查，而后再由监护人进行初审，复审则要由值班负责人负责。在此过程中如果发现操作票填写有误，操作人需重新填写，错字超过两个也要作废处理，同时注意不得在原操作票上进行修改，要对废票加盖"作废"章。在全体均确认无误的前提下才能签字，操作人的签名需排在最后一位，严禁他人代签字。

（4）模拟操作预演　模拟操作预演主要指负责人、操作人为保证倒闸操作的正确性，在正式执行倒闸操作前先用操作票在模拟系统中进行演示操作。以监护人唱票、操作人复诵的形式来逐项进行模拟操作，监护人需在唱票过程中做好记录。每一次模拟预演都要集中精力，复诵无误后还需再次签字。

（5）下达操作指令　模拟操作预演结束后，负责人需要向值班调度员申请允许操作的指令，只有调度员才有发布指令的权限，得到允许操作的指令后方可开始进行正式的倒闸操作。此外，在操作前需做好准备工作，这里主要指倒闸工具的准备，如一系列绝缘工具、验电器、安全帽、接地线等，无论是操作人的工作着装还是操作工具都要达到合格标准，使用不合格的工具会使倒闸操作出现问题。

（6）逐项完成操作　倒闸操作需严格遵循相关规范，监护人必须要尽到自己的监护责任，不得对操作人的行为疏忽大意。在操作时，监护人需走在操作人的后方，到达指定地点后双方需再次核对设备的名称、编号等内容。然后监护人要开始记录时间，双方进行唱票与复诵，监护人在唱票时声音要洪亮、使用普通话，操作人也要集中精力、不得分心，耳朵与眼睛都要各司其职，专业核对操作项目与被操作设备在标志上的一致性。

在操作过程中，务必注意不得出现跳项行为，每一项操作的结束在操作票中都要有所显示，做好记录是操作人的本职工作。在操作过程中如出现了疑问，操作人要在条件允许的情况下立刻停止操作，不得在抱有疑问的状态下执行操作，应立刻向负责人汇报。

正常情况下，监护人需恪尽职守，将钥匙交给操作人后需及时取回，操作人也要听从监护人的指令，在其没有下达指令的情况下严禁擅自操作。在操作人没有疑问的前提下，双方还需检查操作项目的完成度，如项目未能顺利完成还需继续向负责人进行汇报，结束后也未能完成需加盖"此项未完成"的印章。如倒闸操作过程中出现了事故，应立刻停止操作，至于是否要继续执行操作，还要看事故的处理状态。

（7）进行全面检查 倒闸操作全部结束后，监护人与操作人不得离开操作现场，应对所操作的设备再进行一次全面的检查，目的是避免操作有遗漏的情况，并要确认设备是否处于倒闸后的正常状态。此外还要注意结合系统模拟图进行运行方式的核查，在倒闸操作结束后监护人方可在操作票上签字确认。

（8）倒闸汇报 检查完成后，监护人要向负责人做好汇报，常规汇报格式为"道闸结束时间＋完成的倒闸项目"，并要在操作票中加盖"已执行"的印章。至此，操作票中的内容才算填写完毕。每一次倒闸操作结束后，执行任务的监护人、操作人都要对本次倒闸操作进行总结与评价，将重点放在操作过程中的不足之处，以便于在下一次执行倒闸任务时能够做得更好。

倒闸操作需要严格按照规范步骤来，因为倒闸操作是一项存在风险的任务，例如，在填写、审核操作票这一环节，如果相关人员不能认真核对内容的话，轻则会造成设备损坏，重则出现人员伤亡的情况。因此，每一个步骤都要严格按照倒闸操作的规范制度来，无论是负责人、监护人还是操作人，都要对自己的工作负责，增强专业能力的同时也要加强工作责任心。

3.4 智能变电站事故处理的 8 类操作术语

虽然智能变电站在整体设计上已经尽量提高了运维人员的操作安全性，并且提高了设备的自主性、可靠性，相比常规变电站出现事故的频率已经有所下降，但智能变电站在运行过程中仍免不了会出现一些事故、异常。一旦出现事故，运维人员在处理过程中必须要用规范、专业的操作术语进行汇报与记录，或是发出相应指令，比较常见的智能变电站事故处理操作术语有 8 类。

（1）故障线路强送 故障线路强送主要出现在电路跳闸的事故场景中，无论跳闸的线路或设备究竟有无故障情况，运维人员通过强行合闸的方式进行强送电。但是，强送电有次数限制，在一次不成功的前提下不能再继续强送，需要进行停电检查。强送电只能暂时解决用户的用电问题，运维人员还是要排查故障原因，且强送电必须要符合条件才能实施。

在失电设备不存在可替换的备用电源时，如果不能立刻供电，有可能会导致跳闸事故的严重性进一步扩大，甚至出现人员伤亡的情况。在这样的环境下，运维人员可以根据个人经验与设备检查情况来判断是否要进行强送电。

（2）调度管理　调度管理在变电站的各类事故场景中有可能出现，主要指值班调度员与其他值班人员之间就供电系统进行的一系列沟通与任务的委派、执行，这是所有从事变电站工作的人都应了解的事情。调度管理有一些注意事项，原则上来说值班人员在未经值班调度员许可的情况下，不得擅自改变设备的运行状态或进行其他操作，但在特殊情况下例外，如不能紧急停用设备就会出现更大的威胁。在按规定完成了紧急停用的操作后，要立刻联系相应的调度员，并要如实报备情况，不得有所隐瞒。

而调度员也有自己的权限范围，当值班人员发来了较严重的事故报告时，调度员应立刻向技术安全部的经理汇报情况，并且在其向值班人员下达命令的时候，必须要做好相关记录，并要将自己的姓名告知对方，全程进行录音。

（3）复归信号　若电力设备出现故障，会对值班人员发出告警信号。注意到信号的值班人员需要予以确认，确认的方式就是手动消除报警信号，可以将其称为复归信号。在复归信号后，需要做好记录。目前所有的智能变电站都具备自动化告警功能，像小电流接地系统出现故障、断路器控制回路断线等。

（4）装设接地线　当值班人员遇到停电问题时，如果不是十分紧急的情况，就应在通知调度员、维修人员的前提下，提前将准备工作做好，装设接地线就是其中的一个常规行为，主要目的是防止停电后的电力设备忽然恢复供电，为正处于检修状态的运维人员带来安全风险。接地线需要安置于能够被看到的位置，且不能在其与检修位置之间连接开关、熔断器，无论是装设还是拆下接地线，都应借助绝缘材料进行。

（5）替代法　替代法主要指电力设备出现故障时，可以用完好的器件去替换可能存在故障的器件，以此来判断该器件是否存在问题、快速定位故障的位置。替代法是一种比较常见的故障排除手段，优势在于能够提高维修人员解决问题的速度，只要锁定好故障点，制订解决问题的方案就容易多了。但替代法的应用也需要遵循规则，电力系统较为复杂，不能像普通的试错行为一样随意替换器件，要在经过基础的判断、检查后尝试进行替换，盲目替换器件反倒有可能造成人为故障，使事态变得更严重。

（6）**故障测距**　故障测距主要用于高压输电线，而高压输电线又是电力系统的大心脏，重要性可想而知。这颗"心脏"出现故障的频率较高，且一旦出现问题排查起来会非常困难，排查故障点的速度越慢对电力系统的稳定性、可靠性造成的影响越严重，因此维修人员常需要采取故障测距的方式与相关装置来处理事故问题。故障测距的作用主要有两个：其一，迅速定位故障点，以提高维修人员的工作效率、降低故障巡线的成本；其二，高效修复故障，最大程度地控制因停电而导致的损失。

（7）**重合闸**　重合闸主要用于应对架空线路故障的问题，在故障清除后，在短时间内要将断路器闭合，这种操作也称重合闸。很多时候，线路出现的故障问题都是暂时性的，如特殊天气时受到雷击而导致的线路故障，重合闸就可以成功。但如果是非瞬时型故障即永久性故障，自动重合闸后还会再次跳开，这时候需深入查明原因。自动重合闸的优势在于成本较低、经济可靠，能够提高电力系统的稳定性。

（8）**速断保护**　速断保护会通过限制动作范围的形式来保护电路的一部分，具体可分为电压速断保护、电流速断保护、变压器差动速断保护。其中，电压速断保护的应用集中于线路出现短路故障问题时，在母线电压快速下降时，低电压继电器动作会断开断路器，短路故障得以瞬间被切除。

智能变电站与常规变电站相比，优势不仅在于能够有效降低故障的发生频率，还在于很多处理操作都可以由手动操作变成自动化操作，既减少了相关人员的工作量，也进一步避免了事故影响的扩散。

3.5　对于智能变电站系统运行的一般规定

与常规变电站相比，智能变电站的革新点与优势集中体现在了对自动化技术、互联网的应用上，需要人为操作的地方在当前有着明显减少。但是，事情都有两面性，智能变电站对于自动化系统的依赖性在逐渐增强，同时也暴露了一个问题：如果不能做好智能变电站的运维工作，那系统的可靠性也会降低，由此会导致智能变电站的运行环境变得很危险。

智能变电站二次系统的网络化、自动化的广泛应用，使相关人员能够节省更多精力，通过后台监控系统就能实现一系列远程操作。因此对智能变电站而言，各类系统的存在十分重要，就相当于支撑大楼的地基。所以在智能变电站系统运行的过程中，相关人员也要遵循一般规定，才能保证系统稳定运行，智能变电站与智能电网才能够更加安全。

3.5.1 专业人员的配备

变电站更新换代，从常规走向智能化的同时，变电站的运维人员也要与时俱进、不断提高自己的专业能力，更新与智能变电站有关的操作知识才能跟上时代发展的步伐。目前虽然有些变电站得到了革新、成功升级转型，但是很多变电站的运维、检修人员等，在日常工作中也遇到了不少的"路障"。

首先，智能变电站应用了非常多的高新技术，也配置了许多新系统，这些系统会为运维人员提供较多数字化、可视化的信息。然而，很多站内人员的知识储备与操作经验却仍停留在常规阶段或数字化阶段，这就导致其不能及时、有效地将那些信息利用起来。虽然随着电力领域的发展，电力企业也迎来了不少对系统、网络较为了解的优秀人才，但还是有相当一部分的员工有着较为落后的网络知识，这就导致智能变电站的系统运行会处于不可靠的状态中。

其次，参差不齐的人员素质是一方面，某些电力企业对智能变电站的系统运维并没有明确规定，即系统管理工作缺乏统一、规范的标准是另一方面。特别是在内部人员已经存在较明显的系统知识缺失的情况下，企业如果还不能制订管理方案、手册的话，相关人员在进行日常工作时将会有很大的随意性，这不仅会导致工作效率的低下，还有可能引发事故。智能变电站的工作特殊性要求运维人员必须要端正自己的态度。

总而言之，如果想要保证智能变电站的系统能够处于健康运行的状态，就必须要提高相关人员的素质、能力，以定期培训、考核的形式来加强相关人员的监测、管控系统的能力。此外，还要规范系统运行制度，以清晰的制度条款来约束、规范运维人员的行为，使其能够用更认真的态度去对待本职工作。

3.5.2 监测系统异常信号

当系统发出了异常信号时，运维人员必须要做好应对，这也是强调要提高运维人员专业能力的原因之一。例如设备状态监测系统，主要作用就是向运维人员展示设备的运行状态，告警值通常要遵循生产技术部门的规定，如无特殊情况不得随意修改。当设备状态监测系统告警时，运维人员应立刻接收信号、开展现场检查工作，检查内容通常应包括对告警值的核查、检查外部接线情况与电磁干扰源、分析是否受到了异常天气如雷雨天的影响等。

在运维人员检查过后，还应通知检修人员继续对设备状态监测系统进行检查。如果检查结果是没有其他事故情况，只是由系统误告警而引发的，那在检修人员的许可下可以将告警功能暂停，否则不能轻易停止该功能。总之，运维人员必须要用严谨、慎重的态度去对待系统发出的异常信号，不能在进行了信号复归的操作后敷衍地检查一下就直接离开，这样做会导致很多隐藏的问题难以被发现，可能会使某些设备的损坏程度加剧。

3.5.3　定期巡视站内主要设备

在智能变电站中工作，防患于未然是非常重要的理念，一般有着正规管理规范的电力单位都会对运维人员的定期巡查行为有所要求，包括巡查时间、巡查内容以及问题处理的手段等。例如，对保护设备的巡视，既要进行现场巡视也要具备远程巡视的能力，如远程查看设备的通信状态是否存在异常、SV 或 GOOSE 通道是否正常等。

对于交换机的巡视也要如此，远程巡查的重点要定位在自动化系统的网络通信状态上，如发现网络记录仪发出了告警信号，就要深入剖析设备异常的原因，在异常未得到修复之前不能草率地宣告解决。而现场巡视，则要查看设备的电源、指示灯等是否处于正常状态。在巡视智能变电站监控系统的时候，要做好除尘、通风等日常清理工作，保证监控设备可以正常运作，并要对监控系统的网络性能进行定期检测，以及排查是否存在会对监控系统造成影响的外来攻击问题。

定期巡查站内的系统、设备是为了让其有一个更可靠的运行环境，巡查的同时其实也是在进行系统检修，发现故障要及时处理并做好记录。电力单位的规定是一方面，巡查人员的责任心是另一方面，否则有些人会将定期巡查变得毫无意义，只是简单地走个过场就宣告系统没有任何问题，而并没有按照规定进行全面、合规的检查，这只会导致智能变电站系统的运行风险越来越高。

3.6　智能变电站一、二次设备配置方案

智能变电站的一次设备与二次设备并无地位高低之分，二者都会为智能变电站的运行提供较多帮助。而智能变电站一、二次设备的配置方案，在这里则显得至关重要，因为无论是一次设备还是二次设备都只有系统、设备内容的大致范畴，具体要如何选择设备、如何对其进行结构设计、选取怎样的材料等，还要看相关单位的

想法。

　　智能变电站的智能化主要体现在一、二次设备的分离上，同时要实现二次设备的即插即用。2014 年，上海市建成了首座第一代智能变电站——110 kV 的叶塘变电站，并已正式投入运营。该变电站在进行主变压器设备的配置时，均以户外标准为主，至于其他的电气设备则采取了户内标准。

　　叶塘变电站在设计一、二次设备的配置方案时，进行了详细且科学的规划：在配置一次设备时，使用了智能变压器、智能化的 GIS（气体绝缘组合电器设备）以及 10 kV 的充气开关柜、电子式互感器等。与常规的 110 kV 变电站相比，叶塘变电站进一步缩小了建筑的占地面积，采取了三层设备的结构。其中，GIS 设备主要由断路器、隔离开关、避雷器等一次设备构成，主要优势在于占地面积小、可便捷安装、安全性强等。

　　充气式开关柜是新一代的开关设备，优点是操作较灵活、能够结合不同的场合配置出不同的方案，且结构较为紧凑、组装极为方便。叶塘变电站所采取的电子式互感器，能够触发采样点单点畸变判据，在线监测系统也能够满足实时监测的要求。

　　而海北 500 kV 的智能变电站工程，同样采取了三层两网的先进架构，提高了自动化系统网络的可靠性，使变电站的信息交互效果较常规变电站有了较大的改善。在二次设备的配置方面，该变电站使常规互感器与合并单元有机结合，将测控装置布置在了户内的测控柜中，以光纤方式接入 SV、GOOSE 网，而智能终端则放到了户外的控制柜中。在互感器的选择上，海北变电站并没有选择电子互感器，因为经测试电子互感器的运行稳定性要低于常规互感器，所以该变电站采取了"常规互感器＋合并单元"的形式来稳定智能变电站的运行。

　　基于国家电网的相关规定，海北变电站在设置在线监测系统时，将一次设备避雷器配以泄漏电流的监测装置，主变压器则配置了油温监测、铁芯接地监测等装置。"三层两网"的结构比"三层一网"的可操作性更强，虽然网络设备相对会更多，工程量也会有所增加，但基本上弥补了"三层一网"的大部分缺陷。

　　不同的智能变电站工程在选择一、二次设备时，必然会存在出入，一般不会出现设备配置完全相同的方案，但在进行设备的选取时通常会遵循下述原则。

　　其一，设备选型要注重灵活性，因为需要考虑到整体的组装效果以及智能电网后续的发展路径；其二，电力系统的运作对设备的可靠性有较高要求，因此必须在正式做出决定之前先做好对所选设备的测试工作，如对绝缘材料耐热等级进行的测试。《国家电网公司供电服务"十项承诺"》中提到，城市地区的供电可靠率不得低于99.9％，这与电力设备的可靠性密切相关；其三，智能变电站的发展方向是绿色、经济，因此在选择设备时也要注意其是否具备经济性的优势，要平衡好设备造价与可靠性之间的关系，也不能一味地要求设备造价低而忽视了其在智能变电站中的作用。

东北长春南500 kV智能变电站在进行设备选型时，选择了电流电压组合型互感器，还对二次设备进行了整合优化，其中500 kV的线路配置了保护、测控装置，220 kV的线路则选取了保护测控一体化的装置。该变电站对三大功能层也进行了全面布局，例如，站控层具备设备状态可视化、智能告警、智能巡检等功能，可以有效提高工作人员的工作效率，而且工作量与巡检繁琐度相比，常规时期也会下降很多。

总而言之，智能电网目前的发展态势较好，各地也在不断建立智能变电站的新工程，一、二次设备的配置仍有较大优化与创新的空间，可以继续期待智能变电站在未来的发展。

3.7　变电站智能巡视系统

传统变电站的巡视检查工作是根据周期和专项检查计划进行的，运维人员利用检查工具根据工作经验判断现场状况、设备运行状况等。这种方式的巡检质量和工作效率受限于运维人员的工作经验、精神状态、业务能力和自然条件等因素影响，使得漏检、误检甚至不检的情况时有发生。

而智能变电站装配的智能巡检系统可弥补用人力巡检的不足，通过在线检测技术、视频监控技术、图像分析处理技术、热成像分析技术、计算机技术以及各种自动化方法，提高巡检效率和质量，保障客户变电站安全可靠运行，从而有效提高变电站的社会效益与经济效益。

变电站智能巡视系统的开发，可以有效提高运维人员管理效率，简化管理流程，增加监督管理手段，保证运维质量，极大地缓解了变电站数量多和运维专业结构性缺员造成的管理困难，为基础运维管理工作的扎实开展提供了有力保证。

这里主要对变电站智能巡视系统的总体设计、硬件设计和软件设计进行介绍，帮助读者了解智能巡视系统的组成。

3.7.1　系统总体设计

变电站智能巡视系统的总体设计主要由前端设备、管理服务器和客户端构成。

前端设备包含在线检测、视频监控、变电站安全防范、保护信息管理和辅助设备远程监控开启系统五部分，下面分别介绍各个部分。

在线检测系统能够充分利用各种在线检测技术，对变电站中的设备运行状态进行检测。在线检测技术有红外成像在线测温、容性设备绝缘在线监测、变压器油色谱在线监测等，这些技术都能够对设备进行全面监测，并且对设备的正常运行起到保障作用。

视频监控系统应按照变电站巡视和设备专业管理要求，实施全覆盖式的视频监控，不管是变压器、开关、闸刀等设备，还是仪器仪表等读数都在视频监控的范围内。在有电缆出现的开关柜内，还能安装电缆头在线测温、卫星摄像机等设备，对电缆头进行多方位、多内容、全天候的监视。

变电站安全防范系统是一个能够将现有的变电站电子脉冲围栏及防火系统信息接至智能巡检统一平台的一个功能系统，能够连接摄像头，有盗警火警信号出现的时候，摄像头能够自动开始录像，并且能够根据具体情况进行自动旋转。在警报解除之后，变电站的运维人员能够远程手动复归报警信号，这样能够在有盗警火警情况出现的时候，及时解决，避免产生更大的事故，威胁到变电站的正常供电和运维人员的人身安全。

保护信息管理系统是将保护动作信号接入到变电站的智能巡检系统之后，在有保护动作的时候，就会自动用附近的摄像头进行录像，尽快提醒运维人员有保护动作出现，给变电站留下故障出现的视频内容。

辅助设备远程监控开启系统，运维人员会根据不同设备的需要，安装室内温湿度监控系统，然后设定自动报警的数值，当温湿度超标的时候，报警器就会发出报警信号，同时根据运维人员的前期设定自动启动空调、除湿机或抽风机等辅助设备，变电站的灯管照明也能够远程手动启动，满足巡检人员夜间巡视的需求。

变电站智能巡视系统中的管理服务器是系统总设计的重要组成部分，主要是利用现有变电站中的信息网，实现基于 IP 网络的数据传输以及相关的视频流传输。管理服务器包括数据库服务器和 WEB 服务器，数据库服务器的作用是存储在线监测过程中得到的设备信息等内容；WEB 服务器的主要作用是对数据库中的数据信息进行处理和显示，并对变电站灯光、空调和排风扇等辅助设备进行远程控制。

变电站智能巡视系统总体设计中的客户端是由变电站疾控中心和电力网终端组

成的，能够访问 WEB 服务器和磁盘录像机。

客户端的主要功能是完成远程监控、图像管理、报警管理、系统配置和网页浏览等工作，能够对变电站的工作起到一定的支持作用。

3.7.2 系统硬件设计

系统硬件设计主要分为控制模块、传感器模块和无线通信主控三个部分。

控制器模块通常会选择嵌入式 32 位 ARM 处理器，这样的处理器有着较高的工作频率，丰富的外设接口能够支持多种通信，而且自带的 AD 转换功能，可以满足变电站智能巡检系统的性能需求。

传感器模块主要是将变电站在电压、电流和温湿度等模块的信息传输给上位机，让上位机对这些数据进行监测。

无线通信主控能够在采取相关模组的时候，利用相关协议，将模块与巡检机器人、PC 进行组网。

3.7.3 系统软件设计

整个智能巡视系统的通信框架以 TCP/IP 与 MQTT 协议为基础，变电站的监测装置、遥控和巡检机器人能够作为信息发布者，经过不同的订阅进行数据分级和数据交换，上位机能够在收到数据后对数据进行处理和显示，也能够监控下位的所有信息，然后将这些信息更加直观地呈现到用户面前。

软件主要的工作是对整个系统进行集中管控、监控和数据采集等，萤石云、阿里云和 OneNET 三大云平台能够进行数据的整合集中，在融合了云视频监控功能之后，对设备进行远程监控。

变电站的运维人员能够利用智能巡检系统对受控站进行全面监视，然后通过远方控制系统，对摄像头和监视设备进行控制，此系统能够将变电站运维人员的定期巡视转变为全天候的监控，及时发现设备曲线，保证变电设备的安全可靠运行，在维护了变电站正常供电的同时，提高了供电的可靠性。

第4章 数据管理：智能变电站
运行数据的管理标准

维护智能变电站的稳定运行，离不开对数据的检测和监控，维护数据的稳定，对维护智能发电站的平稳运行有着重要作用。本章将从数据采集、数据监测、数据管理、压板管理、数据验收等方面，对智能变电站中数据标准的相关概念进行阐述。

4.1 全景数据的功能、分类与采集

智能变电站作为智能电网中的重要组成部分，需要在电力流、信息流、业务流三个方面进行信息的补充与完善，并在此基础上进行标准化管理，以全面满足智能电网多个端口的实时需求。为实现此目的，本小节将主要介绍智能变电站全景数据的功能、分类，并提出对智能变电站进行全景数据采集的方案。

4.1.1 全景数据的功能

智能变电站的全景数据能够反映变电站运行工作的情况，包含稳态、动态等数据。智能变电站的全景数据能够满足智能变电站的监控需求。同时，智能变电站在对数据的监控中，还会涉及一次设备输变电实时工况、自身设备的运行状态。因此，智能变电站的全景数据采集，需要采集输变电工况、元件运行状态、变电站控制测量状态等多个方面的数据。

4.1.2 全景数据的分类

智能变电站的全景数据是了解智能变电站功能的重要指标，在智能变电站的全景数据采集过程中，可将全景数据分为三类。

（1）能够体现变电站输电工况的相关数据 智能变电站的全景数据中能够体现线路输电工况的有三相电流的总有功功率、总无功功率、分相有功功率等。

（2）**能够体现设备状态的相关数据** 智能变电站的全景数据中导线、电缆、母线、互感器等一次设备的相关数据能够反映设备的运行工况。此外，测控装备、计量装置、故障录波器等二次设备的相关数据还能够体现出单体设备的性能，反映出二次系统的通信状态，其中包括 SV 状态、GOOSE 状态等。

（3）**能够反映变电站控制测量的相关数据** 智能变电站的全景数据还包括继电保护控制、测控的控制测量数据、计量的控制数据等多个方面数据。

4.1.3 全景数据的采集

作为智能电网节点的智能变电站，首先要将电力流、信息流、业务流等数据源通过统一标准进行整合、扩展与转换，才能实现全景数据的完整采集。智能变电站进行全景数据采集的主要任务是为智能变电站增加一台变电通信对象服务器，以帮助变电站实现数据整合。

（1）**基本思路** 一是深入研究变电站中子系统的信息模型。了解子系统信息模型的特性，分析其中的相互关系。在深入分析关系的基础上，使用面向对象的建模技术，分析对象在信息隐藏等方面的优势，系统化地进行分析、设计。二是建立起集智能变电站中各类应用于一体的管理平台。让设计方案充分应用系统的通信结构，在设计时，充分地适应变电站中各个应用的具体结构。

（2）**具体步骤**

①各个产商之间建立私有通信协议，通过传感器采集到的变电站相关数据以及设备状态，全面地反映变电站设备的运行状态。通过传感器、设备驱动、临时数据库的共同配合，为进行全景数据采集工作奠定良好的基础。

②使用全局统一的命名规则，让建模规范的一次设备模型进行转换映射，以实现电力系统的一次设备、二次设备之间的统一建模。根据 IEC61970 GID 接口规范，提供开放性的程序接口，根据 IEC61850 建模规则，在智能变电站的二次设备和一次设备之间进行转换映射，帮助智能变电站和主站之间实现畅通的通信状态。

③进行模型转换，让全景数据能够转换成标准的对象模型，在变电站的二次设备与一次设备之间建立起关联联系。

（3）**采集方式**

①采集趋势性数据。主要监测的内容是，在设备健康运行的情况下，随时间逐渐变差的数据特征。通过连续的监测，分析设备的监测数据。通过设置相关的数据阈值，采集在线监测的数据及体现的结果。

②采集一致性数据。在数据的监测过程中，会出现一些具有一致性状态时的数

据，通过采集这些数据，能够区分出数据是否产生了异常情况。

③采集损失性数据。采集损失性的数据，是指利用数据之间的关联关系，识别出数据之中的异常，并进一步对问题进行定位，适用于动态数据的采集工作。

总而言之，对智能变电站进行全景数据采集的方式，在数据采集、信息共享等方面都具有一定的优势：一是在智能变电站全景采集的过程中，针对不同的应用系统，建立起一个统一化的信息模型，能够十分有效地实现信息共享。二是利用IEC61850建模规则，能够将数据处理为更适合对象模型的专业数据，从全局的角度来看，能够在物理设备、数据对象、逻辑节点等方面，建立一个属于特定对象的命名编码原则。

智能变电站的建模具有统一性，因此，进行全景数据采集，建立站内系统数据统一信息平台，有助于各个子系统之间实现标准化、规范化，在调度其他系统时能够实现标准化的交互。

此外，智能变电站中的全景数据蕴含着十分丰富的、能够维护设备健康运行的信息，有效地掌握智能变电站的全景数据，有助于电网运维能力的提高，使电力系统更加稳定地运行。

4.2　在线电力监测系统在智能变电站中的应用

智能变电站为了能够不断向着智能化发展，不仅需要在信息采集、信息控制等方面做出智能化、协同互动等调整，还需要实现在线分析数据。为了更好地完成数据采集、数据分析处理等工作，智能变电站需要配备相关的在线监测系统。本小节将重点阐述在智能变电站中，在线电力监测系统的定义、发展现状及相关应用。

在线电力监测系统能够通过互联网呈现设备的实时情况，当设备出现问题时，在线电力监测系统能够及时地向值班人员发出警报，并报告问题发生的现场环境、具体位置等相关信息，指引值班人员及时对设备进行检修。

在线电力监测系统不仅能够排查设备中可能存在的安全隐患，还能够提高对设备的管理效率，延长设备的使用寿命，降低智能变电站的运行成本。在线电力监测系统的这些优势，让在线电力监测系统成为在智能变电站中，进行数据监测、状态监测的重要技术方式。在智能变电站中，在线电力监测系统得到了十分广泛的应用，主要有以下几种常用应用方式。

4.2.1 过程层设备监测

在智能变电站过程层设备运行中，GIS 等 SF6 电气设备的绝缘性是实现设备稳定运行的重要条件。而 GIS 等 SF6 电气设备在局部放电时，十分容易产生水、金属微粒等导电性杂质，这就会引发智能变电站设备故障。这也意味着，局部放电是对过程层进行设备监测时的重要监测对象。

在对过程层的设备进行在线监测时，系统能够通过实时的监测进行工作。例如，在线电力监测系统能够监测变压器中的微水含量、局部放电情况，能够监测电容器中的介质损耗、不平衡电压等情况，还能够监测避雷器的工作次数、功耗等情况。除此之外，它还能够监测智能开关等设备的相关情况。

通过掌握这些设备的运行状态，当过程层的设备出现故障或是异常情况时，在线电力监测系统中的报警功能会向值班人员发出警报，在后续就可以及时对设备进行检修和维护。如果没有在线电力监测系统，运维人员无法知晓设备出现的问题，可能会出现电力系统突然崩溃，甚至还会产生重大的安全事故。

4.2.2 运行环境监测

随着技术的发展，许多智能变电站都发展出了无人值班的功能，这也意味着在线电力监测系统需要提高对环境监测的把控程度，以满足智能化的需求。在国内外通用的环境监测技术中，通常会利用单片机技术和紫外线技术、红外线技术，这些高新技术帮助环境监测工作实现效率地不断提高，并且为智能变电站的智能化发展提供了技术支持。

此外，进行环境监测时，还可以将视频监测和安防工作相结合。通过这种方式，在线电力监测系统在开展监测和记录时，集控中心能够十分及时地收集相关的监测数据和安防信号。当出现报警信号时，相关的地理位置信息和图像信息能够十分及时地反馈给运维人员，帮助智能变电站实现便捷化管理。这些在线电力监测系统中的环境监测应用，都能够为掌握事故相关信息、准确跟踪事故点等工作提供技术和数据的支撑。

4.2.3 电缆及开关测温

在智能变电站中，电缆连接了大量的相关电气设备，当电流流经这些电气设备时，会产生一定的热量，这些热量可能会导致电缆和电气设备产生温度变化，进而导致一些故障。同时，电气设备中，开关柜内部触头接触不良等，也是电气设备发生故障的原因。

　　因此，对电缆和开关柜测温十分重要。在对电缆和开关柜进行测温的技术中，红外电测仪和红外成像仪是我国通常采用的两种方式，这两种方式都存在一定的局限性，例如难以对开关柜中的一些设备进行测温。

　　在线电力监测系统可以弥补这两种方式的局限性，通过高科技方式，如分布式光纤的形式进行测温，利用光纤的绝缘性，对电缆和开关的温度进行更加精准地把控，帮助智能变电站更加稳定地运行。在线电力监测系统会将服务采集平台处理后的数据，传送给智能变电站的开放数据库，为智能变电站中智能数据的检修提供相关的依据。在此过程中，一些智能变电站也专门建立了数据中心，以此来监测管理智能变电站运行过程中出现的相关数据。

　　在智能变电站内部，设备自动化和网络化不断发展，在线电力监测系统的重要性也在不断地增强，使用在线电力监测系统，能够帮助智能变电站的设备及时地被发现，并及时地获得维护与维修。在线电力监测系统将一系列数据传送给智能变电站的数据中心，这些数据还能够为智能变电站日后的发展提供一些有益的经验。

4.3　利用物联网实现智能变电站数据管理系统

　　智能变电站监测数据量的迅猛增长，给变电站的数据存储、数据监测等能力带来巨大挑战，因而结合物联网、大数据，构建智能变电站数据管理系统势在必行。电力系统正朝着智能化的方向逐步发展，在智能电网中，关于物联网的研究也在不断深入发展。将物联网应用于智能变电站，能够节约人力成本，还能够及时获取智能变电站相关数据，帮助智能变电站对相关数据进行把控。物联网是智能变电站数据管理系统中的核心技术之一，在智能变电站的发电、输电、变电等多个环节，物联网都能够发挥其强大的数据管理功能。本小节将具体阐述物联网、大数据与智能变电站数据管理系统相结合的相关内容。

　　物联网主要是指利用各类电子标签以及红外感应器、信息传感器和定位系统等设备，通过无线网络为物体赋能的一种智能化管理方式。物联网既能帮助人和物体之间建立起紧密联系，还能帮助物体和物体之间实现"沟通和对话"，实现对物体的智能化识别、定位、跟踪、监控和管理。

　　物联网在智能变电站数据管理系统中的应用，是将智能传感器运用到变电站中，以对变电站中的变压器、组合电器、开关柜等设备进行检测，从而实现更为智能、高效以及安全的管理系统。大致流程如下。

4.3.1 参数测量与传输

在参数测量的过程中使用物联网技术，能够对智能变电站中的设备的健康情况和完整性进行评估。变电站数据测量端主要包括微功耗无线传感器、低功耗无线传感器、传统有线传感器、其他智能辅助传感器。接入节点是整个变电站感应层中无线感应器网络中的控制中心，可对所有节点以及感应器所接收到的数据进行收集和管理，实现相关参数的测量。数据的传输主要通过电力光纤、VPN、无线宽带等方式进行。传输过程前，还可提前对数据进行筛选与分析。

4.3.2 数据融合和管理

在数据管理方面，通过物联网的方式，对海量的数据进行融合和管理，将接收到的数据进行整理分析，并放入数据库中。此后，应用相应的模型，对数据进行分析，实现智能决策。在智能电网的应用层，采用智能运算、模式识别等技术进行电网运营情况的综合分析和监测处理，主要应用形式包括监测预警系统、供需平衡控制系统等运营监测系统。

在未来，物联网技术与智能变电站也将进行渗透和融合，为未来智能电网的发展带来更大的社会效益和经济效益。作为智能电网技术中的关键环节，物联网渗透到电力传输的各个环节，与智能变电站的合作前景十分广阔。

4.3.3 大数据的应用

智能变电站在规模化发展的过程中，积累了大量的、有可利用价值的变电设备状态的监测历史数据。智能变电站现有的数据监测状态和诊断设备的类型很多，接口也更加不同，因此这些状态数据通常存储在不同的数据库或不同的数据关系库中，不能实现数据共享，各个变电设备之间不能进行统筹分析，数据的潜在价值未能得到合理利用。

针对这样的问题，在智能变电站的数据管理中引入大数据，是符合智能变电站发展的长效解决方案。通信技术、传感技术等技术的迅速发展，在互联网应用、智能变电站等领域方面的数据不断增多，智能电网的优化升级，让智能变电站中变电监测数据成为大数据中十分重要的一环。

大数据主要包括分布式计算技术、内存计算技术、流式处理技术，这三种技术有不同的适用领域。分布式计算技术的适用领域是大规模数据的存储和处理等方面，内存计算技术的适用领域是数据处理和在线处理等方面，流式处理技术的适用领域是处理和解决数据流。

在大数据与智能变电站数据管理系统的结合中，主要运用的是流式处理技术。流式处理技术主要是指将连续的数据组作为数据流，出现数据之后，立刻返回处理结果，对最新的数据进行计算和分析，并快速地总结出结果。随着变电站的智能化发展，对电网数据进行监测的要求越来越高，在此基础上，流式处理技术和智能变电站的融合将成为未来智能变电站的发展趋势。

利用大数据进行智能变电站数据管理主要可以分为四个步骤，即数据抽取、数据转化、数据清洗和数据装载，具体如下。

（1）数据抽取　主要是指在不同状态的数据中，抽取历史数据以及持续更新的数据，根据不同的主题，按照一定的频率开展抽取工作。

（2）数据转化　主要解决的是状态监测数据中的不一致问题，将数据进行合并或聚合，以保证数据的单一性，是帮助数据产生使用效果的重要步骤。

（3）数据清洗　主要是去除一部分无用的数据，同时抽取出在日后可能会使用到的一些数据，过滤掉一些暂时无用的字段，为现存的数据留出一些存储的空间。

（4）数据装载　主要目的是将无用的数据载入要求的数据仓库中，同时还具备数据恢复、错误报告、数据备份等多种功能。

4.4　避免压板信息变更、遗漏造成的安全隐患

连接或断开电气二次控制回路中某个节点的连接片简称压板。压板是继电保护及安全自动装置的重要组成部分。在电力系统运行方式改变、设备检修时，往往涉及压板的投退，若误投退或漏投退，则会直接影响继电保护功能的实现，严重时甚至会引起保护拒动或误动，影响电网安全运行。因此，保障二次压板的正确投退非常重要。因此，要通过系统化的压板管理，帮助智能变电站规避风险，提高变电站的安全水平和供电的稳定性。本小节将具体阐述压板管理的现状以及如何避免压板管理过程中的安全隐患。

目前，变电站二次压板主要通过管理制度来进行约束和管理，智能化程度低，缺乏技术手段来保证二次压板的操作安全，存在一定的安全隐患。因为在制定压板的运行方式后，现场操作完全依靠运维人员的责任心、经验和技术水平，若运维人员的相关经验、技术能力不足，或是责任意识弱，很容易导致问题的发生。

此外，变电站中压板数量较多、排布十分密集，运行人员在巡检时，可能会出现疏忽，难以保障巡检质量，运维人员也难以在第一时间发现这些问题，给电网的

安全运行带来极大隐患。

因此，在二次压板的管理中，传统的人工管理方式已逐渐落后于时代，需要建立起一套新的压板管理系统，避免在压板操作方面出现失误。针对压板管理，可以从以下三个方面进行优化。

（1）采集压板状态　在压板上安装压板状态的感应装置，结合压板投退装置的变化，获取压板的状态信息。采用红外感应或磁感应技术，以监测压板的实时状态，用非接触的方式，保证不会对压板的本体产生影响。在监测压板的设备上，添加两个指示灯，进行指示和报警。

此外，在压板状态收集器上，需要配备与电脑进行通信的接口。在变电站内，还需要建立压板管理单元，对全站的压板信息进行综合管理。

（2）压板防误操作　在变电站内配置压板防误系统，通过压板防误系统，在一次设备以及压板操作方面开展逻辑编辑，利用防误系统设置操作票，将一次设备与压板的操作相结合，制作出完整的一次设备与二次设备的操作票。以模拟预演的方式进行逻辑判断后，通过电脑传输操作票，并由运行人员在现场进行一次设备和压板操作的调试。当调试中出现问题时，运行人员要根据对应的错误调整操作。

（3）压板远程监视　调控中心帮助各个变电站之间实现通信，读取各个站内的压板信息，以此实现远程监视的目的，是智能化的表现之一。

通过以上方法，可以在变电站实现具体状态的实时监测，并按照层级管理的方式，用可视化的方式展现出压板的状态；能够编辑压板投退的规则逻辑，按照压板的运行方式，根据操作票依次进行操作，达到提示运行人员的目的；当出现错误时，可以有针对性地改正。

调控中心能够监视压板的状态，使用层级管理的方式管理压板，同时还可对压板进行智能化分析，并通过对压板的相关设备进行保护功能的相关演示，以实现事故前的预警，帮助运维人员快速处理事故。此外，在切换压板运行方式时，系统能够对压板状态与运行方式实现远程监控，从而实现系统的自动巡检的功能，节省时间成本和人力资源。

在开展压板管理时还应注意，要在不停电、不影响电力系统正常运行的情况下进行压板管理工作的优化与相关数据的采集，还需要在变电站端口形成压板和一次设备的逻辑关联，以避免出现安全隐患。

4.5　智能变电站各层设备的数据验收细则

在智能变电站正式投入运营前，要按照数据验收细则开展验收工作，这是全面检验工程质量的重要环节，也是智能变电站稳定运行的重要保障。本小节将从过程层、间隔层、站控层三个层级入手，介绍智能变电站各层设备的数据验收细则。

4.5.1　过程层数据验收

过程层中包括变压器、隔离开关、电压和电流互感器等一次设备，以及一次设备所属的相关智能组件和一些独立的电子装置。过程层的数据验收细则如下。

（1）一次设备　针对不同电压的智能变电站，因考虑到智能化发展欠成熟的特点，在传感器的布置和组合方面，需要结合工程技术的实际情况进行验收，保障一次设备不会产生使用方面的安全风险，不会对一次设备的本体产生影响。

在安装传感器后，一是要保障 GIS 组合电器以及传动机构的正常运行。确保联动能够正常运行，不会产生卡阻现象；分、合闸的指示能够正确运行；电气闭锁、辅助开关等动作能够正确运行；关于密度和微水继电器的报警闭锁值符合相关规定；电气回路能够正常传动。二是要确认真空断路器以及操动机构能够正常运行。确保正常地开展联动，不会产生卡阻现象；分、合闸的指示能够正确运行；辅助开关等动作能够正确运行；确保接点处无电弧烧损现象；确保灭弧室的真空度符合相关规定。三是要确保空气断路器的在气动操作时，能够保持平稳运行，不会产生剧烈的震动等情况。

在进行一次设备验收时，还需要对传感器的外观加以检查；对电路回路、机械特性等情况进行检查；对绝缘性、元器件固定性等方面进行检查；对远程通信的数据上传、回传进行检查。

（2）智能组件　智能组件需要满足《高压设备智能化技术导则》《油浸式电力变压器及断路器智能化技术条件》中关于智能组件的相关要求。应用于户外的智能组件通常采用不锈钢涂层的保温材料，需要其内部具有良好的保温功能，以确保智能组件内部具有供智能组件和电气元件工作的良好环境。

在检查智能组件的过程中，需要对各个部分的监测额安装接线和软件调试进行检查，对主 IED 与站控层之间的通信联调情况进行检查，在智能组件控制单元中，进行传动试验验收，其中主要分为三个环节：一是检测主 IED 与站控层以及各子IED 之间通信正常，能够正常地接收到子 IED 传输的相关数据。还能够让子 IED 上传的数据以及自评估结果上传到站控层,在检测单元中,各个子 IED 需要对主 IED 的历史数据进行响应。二是检测图纸和智能组件中各接线之前运行正常;在各类传感器、变压器、油色谱、接口、法兰能够正确牢固安装,并且不会产生漏油、漏气等现象。三是检查通电组件、指示正常;后台监控的信号正确无误;在遥控、遥调等方面的试验运行正常。

(3)电子式互感器 在出厂前,厂家需要对电子式互感器进行外观检查、电流互感器准确度检查、极性检查、低压器件工频耐压检查等。如果 GIS 与电子式互感器相配套,需要重点进行气压以及气密性检查。在验收时,需要保证以上试验报告详尽完备。

在智能变电站验收过程中,应现场对光纤的光性能进行检测,并对互感器进行极性检查、变比测试等,主要检测三个环节内容:一是对合并单元的输入光纤接口进行调试,将合并单元中输入光纤接口和采集器输出光纤接口相互连接,合并单元输入光纤接口能够正常工作。二是对合并单元的输出接口进行调试,将合并单元的输出接口和保护监控装置之间的输入接口相互连接,对合并单元和测控装置之间能否正常通信进行检查。三是对采集器和流模拟量采样进行精度监测,需要使用外加标准信号源的方式,对保护测控装置的采样值进行检查。

4.5.2 间隔层数据验收

间隔层中的设备主要包括系统测控装置。监测功能主要靠 IED 等二次设备,其中施工的工艺要对照《电气装置安装工程盘、柜及二次回路结线施工及验收规范》中的相关规定,保证设备美观、完整,并且在日后能够较为简单地进行维护和检修。

(1)模拟实际情况 给室内外的设备,以及电缆、光缆等设备设置标签,在标志、标识等方面进行监测。在对非跳闸信号进行检测时,应该尽量地对实际情况进行模拟,以防止在运行过程中,出现寄生回路、错接线连接等问题造成开关跳闸。

(2)检查二次回路 在对二次接线和二次回路进行验收时,需要利用转动方式对二次回路的正确性进检测,保证其正确性、完整性。在联动方案方面,要尽量保证考虑完备。在验收中,要加强对二次回路的检查,对继电保护和相关二次回路进行可靠性、安全性检查。

(3)整组试验 在进行整组试验时,要注意检查出口行为、跳闸逻辑等情况是否与整定值要求一致。在整组试验时,配合监控系统,对相关信号进行传动试验。在进行传动实验时,注意检测保护装置、监控系统等方面是否有错误行为。

4.5.3　站控层数据验收

站控层主要包括自动化的监视控制系统、对时系统、通信系统等，需要对全站的设备进行控制，保证信息交互功能顺利运行，保证监视控制、数据采集、保护信息管理等功能稳定运行。需要监测是否满足无人值班室的相关要求。对设备检测报告、现场调试记录报告等内容进行检查，对传输规约、高级应用功能和性能进行测试。

（1）信号检测　需要核对变电站中设备、装置的信号，保障变电站中后台和调度端的信号能够顺利传输，保证遥测、遥信等功能完善，能够在后期顺利开展维护工作。需要保障计算机监控厂家能够提供接入站控层的模型文件，设备能够正常运行。

（2）网络报文记录　此外，还需要验收检查变电站的网络报文，对网络记录分析系统进行检查，检查内容包括 MMS 通信系统等网络报文记录。

第5章 后台画面：智能变电站监控后台画面设置规范

智能变电站的监控后台画面主要包括索引画面、主接线图、间隔图、压板图、模拟预演图等模块界面。在运维工作中，需要对这些监控后台画面设置相关的规范，本章将对这些界面的相关规范进行具体阐述。

5.1 索引画面

索引画面是监控系统的索引，相当于整个监控系统的"总目录"，能够十分直观、清晰地反映出智能变电站中的主接线图、模拟预演图、网络结构图等界面内容。

变电站的索引画面具体包括主接线图界面、网络结构图界面、模拟预演图界面、全站 GOOSE 及 SV 网络图界面、全站软压板图界面、一体化电源系统界面、低周低压减载界面、消弧线圈界面、公用测控界面、定值管理界面及报表界面等。运维人员可以在索引画面中实现对相关界面进行准确定位及快速跳转的操作，实现全盘快速便捷的监控管理。

索引画面主要有两方面的功能：一方面，可以方便运维人员对监控后台的管理，实时了解变电站中的相关信息，同时可快速查找，提高运维人员的工作效率。另一方面，可以在变电站出现异常或故障时，迅速排故，查找问题源头，帮助运维人员快速发现解决问题的方法。

索引画面的设置保证了画面的明确性和准确性，针对实际情况进行划分，帮助智能变电站的运维人员更高效地开展工作。总的来说，索引画面是智能变电站监控后台画面的集合，是监控系统中的综合体，既可以起到对智能变电站监控工作的推动作用，又能够提高监控效率，对问题的出现进行更加快速地响应，是监控后台系统中不可或缺的部分。

5.2 主接线图

主接线图主要用于将变电站室外部分的整体结构以符号化的语言描述出来。变电站室外部分包括刀闸、CT、电抗器、变压器、开关、避雷器、电容、电阻、接地线、电压互感器以及各种电压等级的输送线等设备。主接线图在监控后台界面上满屏展示时，能够反映系统内的运行方式，开关、刀闸、临时地接点等位置，并对文字、图形等信息进行清晰标注，让相关的信息容易辨认。本节阐述对主接线的基本要求以及主接线图的设置规范。

从实践出发，主接线的基本要求主要包括安全、可靠、经济、方便，以此为基础，下面分别详述对主接线的基本要求。

在安全性方面，电气主接线需在隔离开关中正确配置，且正确绘制隔离开关接线。在主接线图中，必须要在有隔离开关需要的地方安装隔离开关，避免发生遗漏的情况，不能因节省成本等考虑，而选择不安装开关。此外，在对隔离开关进行绘制时，电源需要接在通过瓷瓶和隔离开关的刀片之间，因刀片的带电时间较短，可以在安装和使用隔离开关时，保障运维人员的人身安全。

在可靠性方面，电气主接线的可靠性是不确定的，同样的电气主接线在不同的变电站中可能会有不同的表现。在一些变电站中可靠的电气主接线，在另一些变电站中，不一定能够满足可靠性的要求。因此，在分析主接线图时，需要考虑变电站的整体负荷情况及其具体类别。分析变电站的主接线时，可以按照负荷性质，从三个方面进行分析：一是分析断路器在检修时的停电范围、停电时间。二是分析母线在检修时的停电范围、停电时间。三是分析是否会造成整个变电站全面停电。主接线的可靠性影响着经济损失的范围，可靠性越强的主接线在停电时经济损失范围越小，反之则越多。

在经济性方面，主接线的经济性是相对而言的，当建设资金充足时，可以放低对经济性的要求。如果出现了两种主接线在安全性和可靠性方面差别不大的情况，可以结合实际情况选择经济性较好的主接线。

在方便性方面，主要包含三方面内容：一是指操作的方便性，主接线在接线方面较为简单，操作步骤较少，以便让运维人员能够轻松掌握，不会在操作过程中出现错误；二是指调度的方便性，主接线在正常运行时，需要根据调度的要求，改变运行的方式，在发生事故后，可迅速解决故障问题；三是扩建的方便性，主接线的接线方式对未来变电站的扩建有一定的影响。

母线的功能是汇集电能和分配电能，是汇流线，也是变电站中的重要设备之一。主接线的基本形式主要分为两种，一是有母线接线的主接线，另一种是没有母线接线的主接线。在智能变电站监控后台中的主接线图画面的设置规范如下：

（1）全变电站的事故信号需要由任意的间隔事故信号进行触发，同时需要具有一定时间的保持功能以及复归时间顺延功能等。

（2）在主接线的界面中，设备的命名需要符合规范要求，在进行临时接地时，需要采用"主变变号＋LD＋序号"的方式进行命名，序号要按照电压的等级进行排列。

（3）在主接线的界面中，底色设置为黑色，字体为宋体，字体的大小及排列的方向等内容要按照实际界面的比例进行设定，图元颜色的设定需要按照电压的等级进行区分。如110 kV 为红色，35 kV 为黄色等。

（4）在主接线的界面中，当处于合闸状态时，开关、刀闸、地刀需要显示为红色的实心状态，在处于分闸状态时，开关、刀闸、地刀需要显示为绿色的空心状态。

（5）主变、母线及接地变等接线图界面的信息，需要具备拓扑着色的功能，连接设备并产生失电后，应转为失电颜色，以帮助运维人员了解相关情况。得电后，设备可以恢复为原始颜色。

（6）当母线的电压显示在接线图中时，需要对应在母线侧。大电流的接地系统中，需要将中性点经小电阻接地系统显示为 Ua、Ub、Uc、Uab，在小电流的接地系统中，需要显示为 Ua、Ub、Uc、Uab、3U0。

（7）在主接线的界面上，需要按照 P、Q、I 的顺序，将有功、无功、电流顺序排列，对这些数据进行明显的识别，有功值、无功值、电流值需要在小数点后保留后两位，接线图中还需要反映线路功率中的传送方向。

（8）主接线的界面要有人工挂牌的功能，例如"禁止合闸""冷备用""热备用"等内容，以此来提醒运维人员设备的状态，在设备挂牌时，需要对闭锁关联的状态进行警告和控制操作，在设备的维修状态下，检修挂牌应支持设备状态的警告和控制操作。

（9）主接线图能够展示一次系统的实际运行方式，对于不能反映现实状态的主接线图，需要进行人工置位，并进行记忆和保存，在系统重启或刷新时，不得改变其置位的状态。

（10）主接线图的界面不能进行操作，在使用后台进行监控和遥控操作时，才能进入相应的间隔接线图的状态。

（11）在监控的系统设备中，需要具备双位置采集的功能，并进行检验，位置状态出现错误时，设备图元中需要有直观、明显的颜色提示。

5.3　间隔图

在变电站的设计建设中，按照主变高压、主变低压、进线、低压出线等方式分别组合而成的部分，每个部分可以称为是一个间隔，其由统一的间隔控制器加以控制，并且具有成套的保护设备，也可以称为"间隔保护"。

在间隔图的界面中，包含间隔一次接线图、装置通信、遥测值等相关数据。

变电站的间隔主要是由于 GIS 组合开关的大规模使用，间隔之间可以在封闭的 GIS 内部完成电气的连接，因此，间隔能够非常直观地将变电站分为若干块。在此基础上，变电站的间隔图监测范围的设置规范如下。

（1）在间隔图中，应支持设备的遥控操作。主变间隔中包含着主变以及各侧开关，母线间隔中包含着对电压等级的各组压变，在母联间隔中，包含着母联隔离及开关。

（2）在间隔内的遥感测值中，包含着负荷电流、电压等遥值测量数据，这些数据应保留小数点后三位，其余的相关数值保留小数点后两位。

（3）在间隔内，可分为可遥控和可遥信把手和压板，在遥控把手和压板中，包括重合闸、过流等状态量以及远方定制区切换等能够监视把手和压板状态的状态量。

（4）在间隔内，光字牌的信号主要包括保护动作信号、通信和对时告警、链路警告异常等，需要根据智能变电站的具体设备进行分类，按照数据的重要性进行合理分类，如按照一次设备、保护等进行信号的排序。

（5）在监控系统中，设备和压板的操作需要采用"选择—返校—执行"的方式，在间隔界面选择一些需要的遥控设备或压板，将设备或压板的编号输入，对运行人员下达命令，当遥控所使用的设备或压板所输入的编号产生了不一致的问题时，先停止操作，在运行人员、监护人员分别进行确认之后，再弹出遥控窗口，并进行遥控操作。监控系统还应将系列操作中的具体信息自动记录。

（6）在返校时，压板编号采用的是设备编号加压板编号的形式。需要对压板进行双重编号，以对压板进行区分。

（7）在间隔内出现了事故信号或异常信号时，间隔中的光字牌信号需要进行闪烁和复位，在主接线界面中，对应间隔所反映的提示信号应闪烁，并进行变位，提醒运行人员进行检查和确认，并保证信号灯在检查和确认后不会再闪烁。

（8）需要对不同状态的信号灯进行明显区分，如在信号灯未复位前，光字牌为红色，在归位后变为白底，在信号未确认时，光字牌闪烁，在确认后不再闪烁。

间隔图是智能变电站监控后台画面中的重要组成部分，对变电站的设备检修、扩展等方面十分重要。

5.4　压板图

在智能变电站中，压板操作是变电站中运维人员需要掌握的一项重要的操作。一般而言，全站软压板界面包括了全站重合闸、后加速、置检修压板集中组屏界面。这些界面通常只能够作为遥信压板，让运维人员可以在此监视和检查全站的压板状态，如果需要进行遥控操作的时候，则需要进到对应的间隔内完成。

在具体的操作过程中，运维人员需要遵守一定的操作守则，保证压板操作的安全性和稳定性，尤其需要注意的有以下四点：

一是运维人员在操作保护功能时，需要进行软压板的停用和启用的操作，这需要通过监控后台来实现，在进行具体操作之前，需要对监控画面中软压板的实际状态进行核查，而在操作完成之后，也应该同时在监控画面以及保护装置中对软压板的实际状态进行核对检查。

二是运维人员在定值区进行切换软压板的操作时，也应该通过监控后台来实现。

三是在运维人员填写操作票的时候，应该按照硬压板的相关规定来进行，在填写的时候将"硬压板"改为"软压板"。

四是运维人员在进行压板操作时，在进行投退保护的操作过程中，严禁通过投退智能终端的短路器跳合闸硬压板来完成。

由此可见，在压板操作的过程中，压板的状态监视界面起到了至关重要的作用，很多的变电站都会设置全站的软压板图界面，用来对全站的压板状态进行检查和监视。

这种全站软压板状态监测界面所依据的原理，通常是采用非电量感应检测技术，从而实现压板状态远程监测以及管理，那么通过全站压板状态监测界面可以实现的功能如下：

一是进行全站压板的综合管理，利用压板状态监测系统，运维人员可以实现单个变电站或者是多个变电站的管理，其中既可以实现压板统计、查询和分类等操作，同时也可以查询投退历史记录等，使运维人员对压板操作的管理能够更加清晰和准确。

二是对压板状态进行实时的监视，相较于传统的人工巡查压板状态而言，这种智能化的压板监控界面，能够通过站端或者是集控站的防误闭锁系统，对全站或者是多个变电站之间的压板状态实现实时的监控和检查，从而让运维人员能够对多个变电站的压板状态有更清晰的认知。

三是能够对压板投退规则做出逻辑判断，除了能够对压板的状态进行检查和监测外，压板的管理主机还可以对压板投退规则进行设定，便于运维人员在操作预演的时候就可以对规则进行判断。

四是对异常状态做出提示，其中既包括对压板异常变位的提示，又包括对压板检修的提示。在防误模式下，如果操作压板出现失误或者是操作错误的时候，系统会自动以声光的形式进行提醒。此外，当运维人员将变电站内压板按照工作区域设置为检修状态的时候，压板可以在检修状态下，随时投退，而在检修状态结束之后，压板监测系统会将此时的状态与检修前的状态进行对比，如果有异样的状态则会发出提示。

通过应用压板在线状态监测系统，运维人员可以对变电站的压板状态进行实时监测，解决了原本的现场巡检的低效率问题，也避免了人工操作时可能产生的失误，同时当压板出现任何异常状况时，可以及时发出预警，让运维人员能够及时发现问题并解决问题，这不仅为运维工作的高效和稳定提供了保障，同时也能够进一步提升变电站的智能化。

5.5 模拟预演图

在传统的变电站中，模拟预演图的缺点随着时代的发展不断暴露：使用困难、维护困难、扩展性不强等，这需要一套能够帮助变电站运维人员进行管理的图示，而智能变电站中的模拟预演图便解决了这些问题，为智能变电站的稳定运行做出了部分贡献。

模拟预演图是一种图形化的模拟操作平台，具有高效、快速、实用等特点，变电站的运行人员通过模拟操作，来证明操作的有效性和准确性，以帮助运维人员加深对正确操作的印象，减少操作中的失误。以网络模式开发为基础的模拟预演图，可以帮助变电站解决一些实际运行中的问题，具体内容如下。

（1）解决变电站无预演的问题　一些变电站的防误装置中未采用微机防误装置，后台的操作系统中往往也缺少预演功能，导致变电站中的倒闸操作无法进行预演，这就让变电站中出现了一些安全隐患。智能变电站中的模拟预演图解决了这种问题，通过利用变电站内部局域网的优势，独立地通过客户端进行预演，解决传统变电站中无预演的问题。

（2）解决信息无依据的问题　在变电站的运行工作中，操作票和审核等操作主要依靠的是变电站运维人员的经验和知识，不能及时验证操作的正确性，只有在操作过程中，才能明确操作是否存在问题。在这种情况下，发现问题时，可能已经不能重新开票，造成一种较为被动的局面。

智能变电站的模拟预演图则能够解决这种问题，在运行时，运行的管理部门能够填写和审核操作票，并通过模拟预演图进行预演，能够较早地发现在操作票中可能存在的问题，更加快速地对问题进行改正，并且能够帮助运行人员在操作时保持平稳的态度，杜绝事故的发生。

（3）解决微机防误装置中失电提示的问题　在传统变电站中，防误装置主要通过输入运维人员、监护人员、设备名称、设备编号等方式进行防误。但是这种方式只能用来防止拉错开关，拉开开关后，无法对母线或线路的失电情况进行提示。而智能变电站的模拟预演图，能够帮助运行人员对相关的情况进行判断、分析，并对运行人员做出明确的提示。

（4）解决一次接线图中绘制和更新的问题　随着社会建设的发展，变电站的数量不断增长。供电线路也随之不断增加，供电量较大的地区，备用间隔和新间隔都在不断地投入，接线图的变化也十分迅速。以往采用的一次接线图的方式不能满足智能变电站中新的需求，需要进行更加及时的更新，以便与变电站的现场保持一致。

智能变电站的模拟预演系统，能够直接添加和更新设备的信息，并将模拟图存储到系统当中，直接导出一次接线图的电子版文件，还能够将其存储为不同的格式，最大化地发挥智能化系统的优势。

（5）解决考核中无法查找依据的问题　变电站的管理规定，往往会要求在进行倒闸操作前进行模拟预演，以确保倒闸操作能够正确进行。但是在实际的运行过程中，可能会有一些运维人员对待工作不负责任，不按照规定进行模拟预演，给相关的考核工作带来了一些不便，也带来了一些安全隐患。

在智能变电站的模拟图系统中，需要填写相关的资料信息，系统会自动进行存储，为考核人员提供了可查找的依据。

（6）解决预演系统中的维护问题　在预演系统中，通常包括微机防误系统和变电站后台的系统，这两类系统往往是分开操作的，这种情况可能会影响设备维护工作的及时性，并且维护的工作必须由厂家执行，普通的运维人员无法进行维护，这就让维护工作变得十分困难。

模拟预演图的方式能够让运行人员对管辖范围内的变电站进行更加集中地维护，操作较为方便，能够解决传统变电站预演系统维护中工作量大的问题。

模拟预演界面的主要功能是帮助智能变电站对刀闸、手车、临时接地点等设备进行模变位模拟。在构建模拟预演界面时，还需要注意以下几点：

①模拟预演界面需要与主接线界面做出明显的视觉区别，例如可以使用文字和底色进行区分，并在接线图的界面上注明模拟预演图的相关字样，将模拟预演界面与主接线图之间使用底色进行区分。

②在模拟预演界面中，只具备对设备进行模拟操作的功能，而不具备对设备进行更改的实际操作功能。

③在进行模拟操作时，相关的设备应具有防误校验的功能，模拟的预演操作不符合五防的规则时，需要禁止操作动作，并在界面中弹出相关的警示窗口，在窗口中列出五防的规则条件，并对操作不符的情况进行标注。

④在更新一次接线图方面，要采用及时更新的方式，将图纸预先绘制好并存储到系统中，需要使用时，可以直接将其导入，以保证图纸和现场情况一致。此外，模拟预演图还能够记录运行人员在进行模拟预演时的操作情况，可以更加便利地对运维人员进行考核，提升智能变电站的管理水平，提高管理效率。

5.6　智能变电站监控后台的其他界面

智能变电站监控后台的界面对智能变电站的运行起着巨大作用，每个界面侧重不同的功能。在智能变电站中，监控后台包含索引画面、主接线图、间隔图、压板图等主要界面，在这些界面之外，还包含着一些具有监控或监控辅助功能的其他界面，主要有：

（1）网络化结构图　网络化结构图的界面主要用于描述智能变电站的站控层、间隔层和设备层的网络布局。它的主要作用是明确变电站中的整体结构，为后期在变电站中开展设备检修等工作提供信息支持，帮助运维人员对智能变电站进行整体把控。其中 GOOSE 和 SV 界面的还需要反映全站测控的保护装置、合并单元的布局，准确地反映出具体的通信情况。

（2）一体化电源界面　一体化电源界面主要反映的是变电站中的用电系统、逆变电源等系统的具体运行信息。其中包括变电站的用电接线图、光字牌和其运行情况以及逆变交流电源，直流输入电压，交流输入电压，交流电源中的进出开关位置，后台位置操作切换、交流带的输出和输入电流值，电源设备的异常运行情况等。

（3）低周低压减载界面　低周低压的减载界面反映了低周低压减载装置中压板的相关信息以及光字牌中的告警信息。通过指示灯等形式，反映出设备的故障或异常情况，帮助运维人员掌握设备的情况。

（4）消弧线圈界面　消弧线圈界面可以反映消弧线圈的挡位、残流以及相关遥测值等数据。其中的光字牌需要反映具体的接地线路以及光字牌线圈中的装置异常等情况。

（5）公用测控界面　公用测控界面反映了公用测控装置的具体工况以及数据通信的具体工况，在时间方面对装置工况进行实时反映，通过网络报文以及故障记录，对装置的工况进行分析。公用测控界面还反映了电量采集中的工况、门禁等相关的智能辅助系统。

第6章 运维规范1：智能变电站的主要倒闸操作

将电气设备由一种状态转变为另一种状态的过程叫倒闸，所进行的操作即为倒闸操作。倒闸操作作为变电站运行过程中的重要环节，若变电站的倒闸操作出现失误，则可能导致设备的损坏，危及相关人员的人身安全，并可能导致大规模停电，给社会运行带来严重的负面影响。因此，运维人员充分掌握倒闸操作技术要求是非常有必要的。

6.1 主变压器停送电与主变压器并列操作

变压器操作是运维人员的一门必修课。一名优秀的运维人员应在严格遵守操作程序的基础上，时刻关注整个操作过程中容易被忽略的细节，因为对于变压器操作来说，细节决定安全。

主变压器停送电是电力系统中非常重要的一项操作。电网人员在进行主变压器停送电的过程中，需要遵守一定的顺序和规范，只有这样才能在确保自身安全的基础上，保证整个电力系统的正常运行。

当需要给主变压器停电的时候，应该先停掉负荷侧，然后再停电源侧。当然，具体也要考虑变压器的类型，如对于三线圈变压器，运维人员应该先关停低压侧，然后停中压侧，最后再停高压侧。主变压器的送电顺序则相反。

当主变压器需要切换为并列运行状态时，应该要具备一定的基础条件。这些条件也是运维人员在进行主变并列操作的过程中，应该随时关注且时刻检查的一些指标。具体而言，主变并列操作时，变压器应该满足如下要求。

（1）相同的绕组接线组别 当绕组接线组别不同，即使是有细微的差别，都很容易会出现副边电压差极大，这种极大的电压差会导致环流，甚至导致电流短路等现象，进而对变压器造成损坏。

（2）相同的电压比 当电压比不同时，会导致副边出现环流的现象，这种环流会进一步造成过载、发热等后果，会让电能损耗增加、效率降低。

（3）相同的阻抗电压　如果出现阻抗电压不同的情况，很容易产生负荷分配不合理的情况。

出现这一情况的主要原因是负载分配与短路电压百分数成反比，短路电压百分数越大，所分配的负载就会越小。实际上，一些大容量的变压器短路百分数要更大一些，而容量小的变压器短路电压百分数较小。正是由于这种成反比的分配规则，导致了大变压器的负载小，设备并没有发挥出承载潜能，但是小容量的变压器却已经"不堪重负"。

变压器是整个变电站系统中非常重要的一环，变压器的操作几乎是影响着整个线路以及变压器的安全。运维人员除了要了解具体的操作流程和顺序外，在进行主变压器的停送电和并列操作时，以下几点也是非常值得注意的事项。

（1）检查主变电压　不论是进行主变压器的停送电还是并列操作，运维人员都需要先检查主变电压，这主要是为了确认变压器的变比。如果出现变压器的变比不相同的情况，很容易导致变压器回路内产生环流。如果两台变压器的变比不等时，其能够空载的电压也就会不同，而当两台变压器共同运行时，就会产生均压电流。所以当运维人员在进行主变压器的操作时，应该将主变电压调节在合适的范围，至少要确保变比差距不能大于 0.5%，只有这样才能保障主变压器不会因为环流而受损。

（2）检查刀闸　当运维人员进行切断电流的操作时，拉开隔离开关就会产生电弧，而电弧产生的高温以及因为操作带来的冲击力都会对整体的操作系统造成损害。因此，当运维人员在进行停送电以及并列的操作后，需要检查一下隔离开关的具体断开位置，确认开关已经断开并且已经拉到了尽头。只有这样才能够保证空气绝缘的距离是符合标准的，否则的话就会导致带电的一侧和停电挂接电线一侧发生短路，对电力系统造成影响。

（3）检查开关的电流　当运维人员通过操作让变电器退出运行状态时，需要先将两台变压器中低负荷的电压转入另一台机器当中。此时，运维人员需要检查开关的电流，确认电流三相是否为零，只有当电流的三相指标都为零时，才能够退出运行状态，否则就会出现负荷倒走的现象。最后，还需要确认主变压器的状态，对整个设备进行停电检查。

6.2 变电站线路操作的基本原则

在变电站的倒闸操作中，除了通过对主变压器进行操作，完成停送电以及主变压器并列操作外，还可以利用变电站的线路进行操作，来实现电流的输送以及关停等操作。变电站的线路操作对很多的运维人员来说并不是一个陌生的操作，但这并不意味着我们就可以对其掉以轻心。对于运维人员而言，熟练掌握变电站线路操作的基本原则是非常有必要的。

变电站线路操作并不是一件简单的项目，运维人员需要对操作的原则形成全面深刻的认知。具体而言，变电站的线路操作原则有以下几点。

（1）运维人员在进行线路停电操作的时候，应该遵循一定的顺序，依次进行，才能够保证操作的正确性和有效性。运维人员应该从负荷侧进行，先断开断路器，检查并确认好断路器在断开位置，然后再拉开线路侧隔离开关，最后再拉开母线侧隔离开关。而线路送电的时候，则操作顺序应该恰好相反，应先从电源侧开始，确认好断路器在断开位置后，合上母线侧隔离开关，再合上负荷侧隔离开关，最后再合上断路器。

（2）当进行单电源负荷线路停送电操作的时候，运维人员需要从负荷侧逐步向电源侧进行停电操作。而送电的操作则与之相反，需依次从电源侧向负荷侧进行。对于双电源线路来说，运维人员应该根据调度的指令操作。需要注意的一点是，双电源线路在进行操作的时候，禁止在线路带电的情况下进行合接地刀闸的操作，禁止在线路接地刀闸没有拉开的时候进行送电操作。

（3）当运维人员在对3/2接线的线路进行停送电操作时，应该首先断开中间的开关，然后再断开母线侧开关。进行倒闸操作的时候，顺序也是一样的，应该先拉开中间开关两侧的刀闸，然后才是母线侧开关两侧刀闸。但这也存在着另外一种特殊情况，即当线路中有出线刀闸时，运维人员进行线路停电操作之后，开关需要保持合环运行的状态，此时应该引入短引线保护。当对比较长的线路进行停送电操作时，需要对发电机的电压进行调节，以避免电压产生较大的波动。

除了这些需要遵循的操作原则之外，当进行变电站线路的操作时，运维人员还需要对实际的情况进行仔细考量，然后再依据实际情况进行线路操作，从而保证线路操作的有效性和安全性。具体需要考虑的因素有以下几点。

（1）进行线路停送电操作时，如果一侧是发电厂，一侧是变电站，那么通常运维人员需要在变电站侧进行停送电，在发电厂侧进行解合环。但是当两侧都是变电站或者都是发电厂的时候，运维人员需要选择在短路容量较大的那一侧进行停送电，而在短路容量较小的那一侧进行解合环。当然如果有明确的细则规定则无须依照这个规则。

（2）变电站人员在进行线路操作的时候，需要考虑电压以及潮流转移。尤其是要注意其他设备是否出现了过负荷等现象，同时也要避免让线路末端的电压超过额定的电压值以及发生自励磁的现象。

（3）要考虑高压电抗器的型号，例如当使用的是 500 kV 线路高压电抗器时，通常是没有专用的断路器的，那么，运维人员只能在线路冷备用或者是在进行检修的状态下进行投停操作，否则就会造成线路操作的失误以及损耗。

（4）在对双回线中任何一回线路进行停电的操作时，先来开电源侧开关，然后再拉开系统侧开关。而送电时恰好相反。这样的操作顺序是为了在双回线解合环的时候，能够减少开关两侧的电压差。并且当电源侧连接了发电机的时候，这样的操作还避免发动机因为突然接上一条空载的线路而导致电压过分升高的现象。因为，对于稳定储备较低的双回线路而言，在进行线路停电之前，需要先降低双回线的送电功率，直到一回线稳定并达到所允许的数值后才可以进行操作。

此外，在对系统侧的开关进行操作的时候，需要注意调整其电压，否则就会导致电源侧的电压在操作过程中，因为无功功率的变化而产生较大的波动。通常的操作应该是将电源侧的电压调节到上限之后再拉开电源侧的开关，调整至下限之后再合上开关。而在进行线路送电的时候，很有可能会遇到线路上发生短路故障，而此时直接关上电源侧的开关，很容易会让系统的稳定性遭到破坏。因此，需要按照正确的顺序，将一回线的输送负荷降低之后，方可合上电源侧的开关。

在进行变电站的线路操作时，运维人员需要严格遵循操作原则，保持一种严谨认真的态度，只有这样才能够保证线路操作的安全性。同时，在进行操作之前，运维人员也可以进行一些线路的检查，如在进行线路送电之前，检查线路所有的保护整定值、确保各个保护压板的投入正确以及确认开关油位正常等，送电之后还需要检查设备装置等的状态。

6.3 电容器、电抗器的操作要求

在电力系统中，电容器是一种无功补偿设备，主要是用来给电力系统提供无功功率，从而提供功率因数的一种设备。通过电容器来实现就地无功补偿，而不通过输电线路进行电流的输送，避免了因为线路导致的能量损耗以及降压等问题。这种方式不仅改善了电能的质量，同时也提高了设备的利用率，降低了损耗。

通常来讲，每一组电容器都会装有串联电抗器，其主要的作用是限制电容器组在合闸过程中的涌流，进而在操作电压过程中抑制高频次谐波对于电容器所造成的影响和损耗。

6.3.1　电容器操作原则

一般来讲，为了保障电容器的使用率以及避免在使用过程中遭受严重的损耗，电容器组内部也会设置一定的保护。这样一来，电容器就能够稳定地给电力系统提供无功功率的支持。通常来说，对于电容器的保护一般有以下几种：单台的电容器故障有熔丝做保护，当出现故障的时候会自动熔断；电容器组中则是设有不平衡电流保护，这是为了防止单台电容器出现故障之后，对其他的电容器造成电压负荷的情况；设置电流速断和定时过流，当出现保护动作的时候会自动跳开关，这主要是为了保护相间短路故障；而电容器组之间连接的母线出现电压流失的状况时，则会出现失压保护动作跳开关；此外，当电容器组出现过压的状况也会有跳开关保护。

当然，除了电容器本身会设置一定的保护外，运维人员在操作和维护电容器的时候，也应该遵循一定的守则和规范，从而对电容器进行更好地维护以及保障。一般来说，电容器组的所有设备都是统一配调管辖的，而电容器的投入以及切除，则是按调度下达的电压曲线由电力系统中的运维人员操作，所有的操作都必须基于逆调压的原则。此外，任何的电容器组在投入使用前，都需要在额定电压下进行一次冲击合闸。

通常情况下，在进行全站停电操作时，应该首先断开电容器的断路器，然后再断开各路出线断路器。当进行送电操作的时候，则正好相反，先合上各路出线断路器，然后再合上电容器组的断路器。之所是这样的操作顺序，主要是因为当变电所母线没有负荷的时候，母线的电压很有可能呈现出较高的状态，甚至会超过电容器允许的电压，对电容器绝缘产生不利的影响。此外，电容器组会因为与空载变压器之间产生铁磁谐振，而触发过流保护动作。所以运维人员在进行电容器操作的时候，应该极力避免出现无负荷空投电容器的情况。

当运维人员发现电容器开关跳闸后，不应该立刻抢送，在没有查明保护熔丝熔断的原因之前也不能立刻更换熔丝。因为电容器组开关跳闸或者是熔丝熔断，很有可能是电容器出现了故障，此时抢送和更换熔丝并不能从根本上解决问题，甚至可能造成安全隐患。运维人员必须要检查并核实清楚开关跳闸以及熔丝熔断的原因，排除隐患，当确认是电容器以外的原因所导致时，才可以进行合闸抢送或者是更换熔丝。

在对电容器组进行操作的时候，运维人员需要谨记的一点是电容器组禁止带电荷合闸，而是应该在电容器组切断 3 min 之后才能够合闸。如果运维人员强行在电容器有电荷的时候合闸，会让电容器承受接近两倍额定电压的峰值电压，会对电容器造成不可逆转的破坏。与此同时也会产生强大的冲击电流，导致出现开关跳闸或者是熔丝熔断的现象。通常来讲，若电容器组的放电电阻适当，基本上 1 min 以后就可以进行合闸操作，但是为了能够更好地保障安全以及电路系统的正常运行，电气设备运行管理规程中对电容器重新合闸的时间进行了规定，必须在 3 min 之后。

6.3.2 电抗器操作原则

通常来说，电力系统中采用的电抗器实际上是一个无导磁材料的空心线圈，具有非常强的可塑性，可以根据不同的需求塑造成不同的装配形式。一般来说，有垂直、水平和品字形三种类型。在电抗器的辅助下，如果出现了短路的状况，由于电抗器具有较大的电压降，能够对母线的电压水平进行维持，从而降低电压的波动，保证了电气设备的稳定。

使用的电抗器通常有两种类型，一种是并联电抗器，另一种则是串联电抗器。其中，并联电抗器是指将电抗器并联接在高压的母线或者输电线路上，通常是一个带间隙的线性电感线圈，其铁芯和线圈都会浸泡在有变压器油的油箱里面，所以常会被看作是利用油冷却、外形像变压器的电抗器。而串联电抗器则是一个不带铁芯的线性电感线圈，通常是将线圈缠绕在水泥支柱上，并通过绝缘支柱与地面绝缘，放置于室内，被看作是一个干式电抗器。在我国的电力系统中，最为常见的是串联电抗器，主要是用于限制系统短路的电流，同时也能够对系统电容功率进行吸收，并对电压升高做出了限制。

就电抗器而言，它主要利用电流通过时产生的感抗来实现系统电压、高次谐波以及电流的限制。当线路与电抗器并联时，能够有效实现线路的电容性充电电流的补偿，并且能够避免系统电压的升高以及操作过程中过电压的现象，从而确保线路的正常运行。而当母线与电抗器串联的时候，可以在一定程度上限制短路电流，让母线能够维持一个较高的残压。当电容器组与电抗器串联之后，可以对高次谐波以及电抗进行有效的限制。

这两种不同类型的电抗器在运行的过程中，也有不同的操作要求。其中，就并联电抗器正常运行的操作而言，首先是对温度和温升有一定的要求，并联电抗器一般采用的是 A 级绝缘材料，油箱对于温度的要求一般是大于 85 ℃，最高温度不得超过 95 ℃。其次是对电压和电流有一定的限制，要按照铭牌上规定的额定电压和电流设置，其中电压的变化范围不得超过额定电压的 ±5%。最后是对电抗器的要求，直接并联在线路上的电抗器，线路必须是和电抗器同时运行的，不能出现脱离的状况。而就串联电抗器的运行状态而言，首先对运行电压和电流都有相应的限制，运行的电压不能够超过铭牌规定的额定电压，允许有 ±5% 左右的浮动。而电抗器不能长时间超过额定电流运行，否则就会造成损害。其次是对串联电抗器的运行环境提出了要求，即整体运行环境温度不得超过 35 ℃。最后是当串联电抗器运行的时候，两边的负荷必须相等，且处于较小的变化范围，不可以单边运行。

6.4　母线停送电与倒母线的操作规范

母线停送电以及倒母线的操作也是倒闸操作中非常重要的一部分，对整个电力系统的运转也起着非常关键的作用。母线是电站或变电站输送电能用的总导线，通过它，可以把发电机、变压器或整流器输出的电能输送给各个用户或其他变电所。换言之，母线是各级电压配电装置的中间环节，用来进行电能的汇集、分配以及发送。通常在进出线路较多的情况下，为了能够有效地进行电能的汇集以及电能分配，运维人员会设置母线，让整个电路系统的电能得到更好的利用。

因为在进行线路安装的时候，是没有办法将众多的进出线都安装在一个点上的，通过设置母线，可以将每一个进出线分别从母线的不同点进行连接和引出。一般来说，有四个及以上的间隔时，就应该设置母线，从而实现电能的汇集和配送的有效性。根据实际的情况，汇流母线的接线方式通常有两大类，分别是单母线和双母线，其中单母线又可以分为单母线、单母线分段、单母线带旁路和单母线分段带旁路；双母线也可以分为双母线、双母线分段、双母线带旁路和双母线分段带旁路。

其中就单母线及单母线的分段接线来说，其显著的特点就是各个进出线和母线之间都会装上断路器以及隔离开关，这是为了在其中任何一个变压器或者是线路需要检修时，都可通过断路器或者是隔离开关让其和母线断开连接，从而确保整个电路的正常运行。

而就单母线的停送电操作而言，其中单母线分段母线在执行停电操作的时候，运维人员应该先关停线路，然后再关停主变压器，最后才是进行关停分段断路器的操作。而单母线分段母线的送电操作步骤则恰好相反。当通过单母线分段母线隔离开关来进行停电操作时，运维人员应该先拉开停电母线侧隔离开关，然后再拉开带电侧母线隔离开关。而进行送电的操作步骤则是恰好与此相反。

当进行多分路的停电操作时，运维人员需要依次拉开各断路器，与此同时需要检查断路器遥测以及遥信的指示是否正常，并在拉开隔离开关之前，先检查本回路断路器状态。在进行多分路送电的操作时，大致的步骤也和停电操作时一样，运维人员应该按照顺序依次合上各断路器，并检查断路器遥测以及遥信指示是否处于正常状态，最后检查各断路器状态。需要注意的一点是，如果主变压器的任何一侧出现了断路器停电的情况，运维人员在拉开断路器之后，应该将停电侧的复合电压闭锁功能关闭。

就双母线的接送电而言，母线停电就是指将双母线改为单母线运行，送电则是指将单母线改为双母线运行。当汇流母线是以双母线进行连接的时候，每一个进出线回路都可以设置一个断路器以及两个隔离开关，两组母线之间通过一个母线断路器实现连接。相较于单母线连接，双母线接线具有更加可靠的供电能力，尤其是进行母线检修、相关设施扩建以及调度等工作时，可以实现在不影响其他线路供电的情况下完成，这样就可避免造成用户断电的情况。当然，双母线接线也存在着一定的缺陷，如接线过于复杂、在倒闸操作的时候很容易出现失误，且配电装置结构复杂、经济性较差。但尽管如此，双母线接线仍然得到了较为广泛的应用。

倒母线也是母线操作中非常重要的一环。所谓的倒母线，是指在以双母线接线的变电站中，将一组母线上的部分或全部线路、变压器等倒至另一组母线上运行或热备用的操作。一般来说，倒母线有两种方法，也就是热倒和冷倒。热倒和冷倒的主要区别是在于先拉还是先合。

热倒是一种先合后拉的方式，即运维人员在母联断路器运行的状态下，基于等电位操作的原则，通过先合上一组母线侧隔离开关，然后再拉另一组母线侧隔离开关，进行倒母线的操作。这一系列操作都是基于不停电的情况下。

冷倒则有所不同，冷倒母线操作是指出线开关在热备用情况下，先拉一组母线侧开关，再合另一组母线侧开关，通常需按先后顺序拉线路侧开关，再拉另一组母线侧开关；再按先后顺序合一组母线侧开关和线路侧开关，即停电切换。

这两种方式所适用的场景有所不同，热倒方式主要适用于正常的倒闸操作，而冷倒则主要用于母联开关处于分位，需要进行事故处理的时候。

　　总的来说，在进行倒母线或者是母线停送电的操作时，应该遵循以下几点原则，以保证整个操作的规范性和安全性。首先是在对母线进行任何操作时，应该根据继电保护的要求，对母线差动保护运行方式进行调整。其次是在进行母线停送电的操作时，需要注意防止电压互感器二次侧向母线反充电，并且在利用母联开关对母线进行充电的操作时，需要对母联开关进行充电保护，当充电完成后方可退出保护。再次是运维人员进行倒母线操作之前，需要将母联开关的直流控制电源断开，逐个倒换完毕，再检查停电母线上的刀闸之后，最后才可以开启母联开关。

6.5　变电站旁路开关操作的规范及注意事项

　　在日常的线路维修或者是供电系统的检验工作中，总会出现开关需要进行检修、预防性试验或者是保护校验等操作的情形，而在进行这些工作的时候，就难以保持原有的正常供电作业。此时，旁路开关则恰好能够派上用场。运维人员通过对旁路开关代路操作来改变设备的运行状态，这是变电站倒闸操作中一种常见的操作方式。要想能够实现旁路开关操作的安全性与有效性，就必须要掌握一些规范以及注意事项。但是在了解这些具体的操作规范之前，我们需要对旁路开关有一个简单的了解，了解旁路开关在实际中的具体应用，只有清楚了旁路开关的作用是什么，我们才知晓如何进行正确操作。

　　在利用旁路开关代替主变开关运行的操作时，运维人员需要对诸多的因素进行考虑。首先是要拟定一个合理的操作方案，让主变压器差动保护停用的时间尽量缩短。然后在切换回路的时候，应该先停用差动保护以及其他的相关后备保护，这样能够在一定程度上防止保护出现失误。再者是在回路切换的时候，应该尽量在开关热备的状态下进行。不然的话则需要采取先短接后退出的操作方式，以此防止二次开路。最后是在电流回路以及电压回路切换之后，再开启差动保护以及其他相应的保护，同时需要在旁路或者是主变压器单台开关运行的时候开启保护，否则的话就会引起保护误动。

　　上述操作需要变电站的运维人员非常清楚主变保护配置，因而在双微机保护状态下，要对每一套保护进行有区分性的命名，从而方便辨认。此外需要对每套保护电流回路以及电压回路的取向都要有非常清晰的认识。当旁路开关代替主变压器开关的时候，运维人员需要明确哪个电流回路是需要切换的，哪个电路回路是不需要切换的，对两套保护电流回路的保护操作的配合要非常清楚明确，因为一旦出现操作失误，就很有可能出现保护失灵或失误等。那么，旁路开关代替主变压器开关的具体操作是什么样的呢？

首先在利用旁路开关代替检修开关运行的时候，需要先利用旁路开关对旁路的母线进行充电，在充电之前需要对线路投入保护，从而确保当母线出现故障的时候能够及时将故障单元隔离。并且，当运维人员在对母线进行刀闸操作的时候，需要将母线的差动保护投入使用状态，以确保其能够根据母差保护的运行规则做出相应的调整。在通过旁路开关进行倒母线操作时，运维人员需要按照先合后拉的顺序对运行设备进行倒母线操作，而且不能用刀闸对母线进行并列操作，必须用开关来进行母线的并列操作。

当利用变压器开关对 110 kV 的母线进行充电操作时，必须要让变压器的 110 kV 侧的中性点着地。当利用旁路开关做母联方式使用的时候，旁路开关的保护和重合闸都应该处于停用的状态。当运维人员利用旁路母联开关对旁路进行充电操作的时候，需要将后备保护投入使用，并且推出重合闸，此时，运维人员需要调整母差电流互感器，使之与一次接线方式匹配。

旁路开关带线路运行也是倒闸操作中的一种重要的操作，而且这项操作并不简单。运维人员在进行旁路开关带线路运行操作的时候，应该遵循一定的规范和规则，确保操作的有效性和安全性。具体的操作规范有以下几点。

首先在旁路开关带线路开关运行之前，运维人员需要将旁路开关保护按照所带线路开关保护定值进行调整，使旁路开关的维护定值与被带线路开关的维护定值一致，并且在进行开关的倒闸操作之前，运维人员需要按照相关的规定将有关的保护调整到退出状态。其次是在利用旁路开关对旁路母线进行充电操作之前，需要先投入相关的保护，在充电正常之后，再断开旁路开关。最后再推上被带线路的旁路刀闸，并将相关的保护调整至相应的状态。

在进行开关合环操作时，需要利用旁路开关与被带线路开关共同完成。运维人员需要在确保旁路开关已带上负荷，三相电流处于平衡状态，并检查好旁路开关三相都是处于闭合状态时，才可以断开被带线路开关及两侧刀闸，停运解备。此外，在利用刀闸对空载的旁路母线进行拉合操作的时候，不论运维人员是手动还是电动，都不能在中途停止操作，因为长时间的电弧过电压可能会损坏电力设备，故需要在最短的时间内完成相关操作。

6.6　电抗器、电容器操作对母线操作的可能影响

电抗器和电容器是电力系统中非常重要的电力设备，在维护电力系统持续运行以及保障电力系统安全方面至关重要。不论是电抗器还是电容器，当变电站采用这两种电力设备进行操作的时候，都会对母线产生一定的影响。

6.6.1　电抗器的影响

在电力系统中采用电抗器主要有两种作用，分别是抑制浪涌和抑制谐波电流。其中，就抑制浪涌而言，具体表现如下。

当运维人员对大功率的电路进行合闸操作时，操作的瞬间会产生一个很大的冲击电流，这种冲击电流也常常被称为浪涌电流。尽管这个浪涌电流的持续时间并不长，但是峰值却很大。如在一些电弧炉、大型轧钢机、大型开关电源、UPS 电源等设备中，开机所产生的浪涌电流往往是正常运行电流的百倍以上，常常会给设备带来巨大的损耗。但是当在母线上串联好电抗器之后，运维人员在合闸的瞬间，电抗器能够呈现出高阻态，也就是开路状态，在这种状态下，能够对浪涌电流起到非常有效的抑制作用，从而避免了对设备以及母线产生的巨大损耗。

此外，电抗器的另一个影响就是能够抑制谐波电流。随着我国电力技术的不断发展以及广泛运用，部分低质量电源、输配电系统因素以及非线性负载设备的使用，我国电力系统受到谐波电流污染的状况日益严重。其影响主要体现在：谐波电流进入电网后，可引起电网电压的畸变，使电能质量变差，浪费电网容量；当电网中存在高频次的谐波时，再加之母线等截面积越大趋肤效应越明显，从而导致交流电阻增大，易导致发热燃烧等。电抗器能够有效抑制谐波对于电网的污染，且当母线短路电流过大的时候，电抗器还能够抑制短路电流的增长，对相关设备有一定的保护作用。

6.6.2　电容器的影响

就电容器来讲，当运维人员在电力系统中使用电容器时，其可改善电力系统中的电压质量，并且可进一步提高输电线路的输电能力。电容器一般可以分为串联电容器和并联电容器，它们对于母线操作的作用具体而言有以下几点。

（1）提高了线路末端的电压　当运维人员将电容器串联在母线当中时，能够利用其中的容抗补偿线路的感抗，进而使线路的电压衰减的幅度减少。

（2）降低了受电端电压的波动　通过将电容器串联在线路当中，利用电容器在负荷变化中能够实现顺势调节，并对电压降落进行补偿，进而有效地维持好受电端的电压值，消除这种剧烈的波动。

（3）提升了线路输电能力　当母线中串联起了电容器的时候，在正常的电流输送中，能够通过电容器提供的电抗补偿，有效地对线路的电压降落以及功率损耗程度进行降低，进而提高了线路的电流输送容量。并且其也对系统的潮流分布做出了调整和改善，当运维人员在闭合的网络中为一些线路串接电容器的时候，能够有效地改变该线路的电抗，当电流按照指定的线路流动的时候，能够实现功率的合理分配。

（4）提高了系统的稳定性　当运维人员将电容器接入线路之后，即便是出现线路故障被部分切除、系统等效电抗急剧增加等情况，也能够让临时容抗线路的输电能力得到有效的加强，进一步保证了系统的稳定性，让系统的总等效电抗进一步减少，提高了线路输送的极限功率，也就保证了线路以及整个系统的稳定性。

而当运维人员将电容器并联在系统的母线上时，电容器此时就像是一个母线的容性负荷，能够通过并联电容器向系统发出感性无功，从而吸收系统的容性无功功率。换言之，并联电容器能够通过向系统提供感性的无功功率以及系统运行的功率因素，使得受电端的母线电压水平得以提高，减少了感性无功在线路上的输送，进而实现了电压以及功率的损耗降低，从而提高了母线的输电能力。

第7章 运维规范2：
智能变电站的其他倒闸类操作

在电力系统中，电气设备通常有三种状态，分别是运行、备用以及检修。在日常的电气设备操作中，运维人员常常会通过倒闸操作将电气设备从一种状态转换到另一种状态，即通过对隔离开关、断路器以及挂拆接地线等方式进行操作，将电气设备从一种状态转化为另一种状态，从而改变其运行方式。当然，除了第6章中所提到的几种倒闸操作外，智能变电站中还有一些其他倒闸类操作，本章将对这几种倒闸操作进行详细介绍。

7.1 变电站的隔离开关与接地隔离开关

在变电站的众多电力设备中，隔离开关是变电站运行过程中非常关键的工具，通过对隔离开关的操作，运维人员能够改变设备运行的方式。

但是，运维人员对于隔离开关的操作，如果一旦出现失误，就会很容易导致变电站出现停电等事故，对整个供电系统的安全性以及稳定性都造成非常严重的影响。这种失误一方面是来源于隔离开关本身产生的故障，另一方面则是在利用隔离开关进行倒闸操作过程中出现的故障。因此，本小节将对隔离开关以及接地隔离开关的基本作用以及运营维护过程中的故障处理办法等进行详细介绍，从而为运维人员进行正常的变电操作提供指导，确保变电站运行的稳定性和安全性。

变电站的隔离开关是变电操作中非常重要的一个工具，也有不少人将其称之为刀闸。它通常会有一个明显的断开点，主要是用来接通线路或者是断开线路，但只能接通和断开空载线路，而不能对负荷线路进行任何接通或断开的操作。这也是开关和刀闸最根本的区别。变电站的隔离开关可以根据安装点的不同，分为室内隔离开关和室外隔离开关，也可根据隔离开关用途的不同，分为输配电用隔离开关和发电机引出线用隔离开关。

在变压器中，隔离开关根据不同的用途可以分为接地用和快分用。其中接地用也就是我们常说的接地隔离开关，而根据断口接地方式的不同，可以进一步分为单接地和双接地两种。隔离开关主要是用来保证高压电器以及电力装备在处于检修状态时的安全性，能够对电压起到一定的隔离作用。但是隔离开关的作用也是有限的，并不能够用于切断和投入负荷电流，也不能开断短路电流，仅仅能在一些不会产生强大电弧的设备上进行切换操作，且不具有灭弧的功能。

也正是因为隔离开关并不具备灭弧的功能，因此隔离开关常常被安装在真空断路器的上端，在空气介质下分断隔离电源。但是只有负载完全断开后，隔离开关才会起作用。同时，隔离开关的分类通常是根据电压的高低在空气介质中的击穿距离，或者是连杆的分断方式，或触电的接触形式以及可视方式等进行的。在变电站中应用高压隔离开关通常是用于完成电路的转换，以确保运维人员在进行检修以及倒闸操作过程中的安全性和电力系统的稳定性。其中，在使用隔离开关的时候，运维人员也有许多需要注意的事项，只有将这些事项了然于心，才能够保证操作过程的准确性，具体的注意事项如下。

首先是要确保在操作时线路处于空载的状态，运维人员进行拉闸或者合闸的操作之前，需确认好与之串联的断路器是否处于正确的位置，即处于分闸的状态。因为隔离开关只能够隔断空载的电流，而不能够对负荷电流进行接通或分断。其次是运维人员需要检查操作环境，处于运行状态的高压隔离开关连接部位的温度是非常关键的，通常不得超过 75 ℃，只有在正常的温度环境下，隔离开关的运行才能够保持稳定和灵活。最后是安装隔离开关时，运维人员需要保证安装牢固，其中电气连接应当是紧密且接触良好的，尤其是铝导体和其他设备的铜件连接或铜导体和其他设备的铝件连接时，必须采用铜铝过渡接头，以减少接触不良发生的可能性。

而变电站的接地隔离开关一般有两种类型，一种是检修接地开关，另一种是快速接地开关。其中检修接地开关主要是设置在断路器两侧的隔离开关的旁边，主要是用于断路器检修时两侧接地，而快速接地开关是设置于出线回路隔离开关离线路较近的那一侧。快速接地隔离开关通常有两种作用，第一种是对平行架空线路中因为静电感应而产生的电容电路以及电磁感应产生的电流感应进行开合；第二种是当外壳内部的绝缘子产生了爬电现象或者是当外壳内部出现燃弧时，快速接地开关能够将主回路迅速接地，并且能够通过断路器来对故障的电流进行切除。

接地开关一般是在送电，也就是投入运行之前拉开，而在停运或检修的时候投入。而拉合接地开关的操作也被看作是倒闸操作中较为危险和关键的操作之一。为了保证操作的安全性和准确性，运维人员需要在进行操作之前对环境以及设备的状态进行仔细检查，确保需要注意的事项都已经注意到。具体来说，运维人员在进行接地隔离开关操作的时候需要注意：一是在对操作票安全措施的审核中要注意，拆挂接地线的数量和位置，也就是拉合接地隔离开关的数量是否是正确的以及设置的位置是否是合理的；二是运维人员需要确认接地隔离开关的装设位置是否正确，即在位置的两侧是不是有刀闸断开点；三是使用的接地桩必须是带有"五防"程序的。

在变电站的实际运行中，会有很多的因素导致隔离开关出现异常情况，运维人员需要掌握异常情况的处理办法。在排除和解决完隔离开关本身的故障因素之后，运维人员需要进行正确和规范的操作，以使设备实现正常的状态转换，从而确保供电系统的正常运行。

7.2　电压互感器的操作原则与注意事项

电压互感器是电力系统中一种重要的电力设备，是一种结构较为简单，且主要是依据电磁感应的原理制成的特殊变压器。电压互感器主要是用来对线路上的电压进行转换的。电压互感器的主要功用是变换电压，通常被用于测量仪表以及给继电保护装置供电，或者是对线路电压、功率以及电能进行测量。此外，电压互感器还能够在线路故障时对于贵重的电子设备，如电机以及变压器等起到保护作用。

电压互感器与变压器的最大区别在于，电压互感器的容量非常小，通常不会超过 1 000 V·A，甚至是只有几伏安。电压互感器能够扩大交流电压表的量程，能够将电气工人与高压隔离开来，其工作原理和普通的变压器在空载状态下的原理大致相同。在使用的过程中，运维人员需要将匝数较多的高压绕组跨接到需要进行电压测量的供电线路之上，然后将匝数较少的低压绕组连接到电压表上。在理解电压互感器的使用原理时，我们需要结合变压器的工作原理来理解。

与变压器工作原理中的变压比类似，在电压互感器的运行过程中，高压线路的电压等于副边所测的电压和变压比之间的乘积。也就是说，当运维人员将电压表同一个专用的电压互感器配合使用的时候，伏特表的刻度就会根据电压互感器的高压侧的电压来进行显示，这样一来，运维人员不用换算也能够直接从电压表中看到准确的高压线路的电压数值。但是需要注意的是，在不同的电压等级的电路中，使用电压互感器的变压比也会有所不同，有的是 1 000/100，有的则是 600/100。此外，为了保证运维人员在操作过程中的安全，电压互感器的副边绕组那一端必须是接地的，只有这样才能够防止当高低线圈损坏的时候测量仪表产生的高电压对运维人员的安全产生威胁。

电压互感器是电力系统中重要的元件，运维人员除了需要了解其运行的原理之外，同时也需要知道如何选择正确的电压互感器，因为电压互感器的选用是否合理实际上会影响到整个电力系统的运行。电压互感器有不同的型号和种类，各种型号和种类的互感器用途、安装方式和结构都有所不同，运维人员需要对选用互感器的原则有非常清晰的了解。具体来说，选择电压互感器需要考虑以下几种因素。

（1）适用的用途及环境　电压互感器根据不同的用途可以分为保护电压互感器和测量电压互感器。其中就保护电压互感器来说，主要的作用是将高压电转换成电力系统二次元件所需的低压电。而测量电压互感器是指用来测量和采集一次回路以及二次回路高电压的电压状态。因此，运维人员需要在选择电压互感器之前，弄清楚所需要的电压互感器的用途，根据所需用途的不同选择不同类型的电压互感器。同时，运维人员还需要考虑电压互感器的作用环境，也就是说电压互感器是安装在室内还是室外，从而选择室内型电压互感器或室外型电压互感器。

（2）配电系统的等级　电压互感器也可以根据电力配电系统的电压等级进行分类，通常来说，根据不同的电压等级，电压互感器可以分为四种类型。第一种是低压互感器，主要是应用于额定电压为 ≤1 kV 的电力系统中，主要起到变压器的作用；第二种是中压互感器，主要是应用于 3~110 kV 电力配电系统中；第三种是高压互感器，主要是应用于电压为 220~500 kV 的电力系统中；第四种是超高压互感器，通常是应用于电压为 500 kV 以上的电力系统之中。运维人员需要先弄清配电区域的电压等级，然后选择好相应的电压互感器进行操作使用。

（3）明确绝缘及其介质的类型　绝缘类型是在电力操作中非常关键的一个因素，如果选择了错误的绝缘类型，很有可能会给电力系统带来极大的损耗和破坏。因此，运维人员必须首先明确绝缘类型，选择正确类型的电压互感器。根据绝缘类型的不同，电压互感器可以分为全封闭式和半封闭式。其次是根据绝缘介质的不同，电压互感器也会有不同的分类，可以进一步划分为干式电压互感器、浇筑式电压互感器、油浸式电压互感器和气体绝缘式电压互感器。运维人员需要对这些分类及其应用有非常清楚的认知，根据具体情况选择与项目相符的类型。

（4）明确电压互感器的变换原理　电压互感器是电压变换的重要元件，但是根据电压互感器变换原理的不同，电压互感器可以划分为电容式电压互感器和电磁式电压互感器。其中，所谓的电容式电压互感器是指从电压器中对电压进行抽取；而电磁式电压互感器，主要的运行原理是，按照既定的比例将高压电变成二次设备所需要的低压电。二者的运行原理和作用原理都有所不同，因此需要根据电力配电系统的实际情况，来选择合适的电压互感器，从而保证电力系统的有效运行。

总的来说，电压互感器是保证整个电力系统稳定可靠的重要元件，运维人员需要对电压互感器的不同类型有深刻的了解，并对电压互感器的运行原理以及操作规范都有非常明确的认知，只有这样才能够进行正确的操作，并保证电压互感器在使用过程中的有效性和稳定性。

7.3　同期并列、解列、合环、解环操作的要求

同期并列、解列、合环和解环都是电网系统中较为复杂的倒闸操作，对电网的影响也是非常大的。运维人员需要非常全面和细致地考虑问题，通过详细计算和确认，并反复检查之后才能够进行相关操作。

7.3.1　同期并列

电力系统实际上是一个电能生产和消费系统，由发电、输电、变电、配电和用电等环节共同组成。通过将自然界的能源利用发电装置转换成电能，然后通过输电系统、变电系统以及配电系统将电能进行供应。但由于电源中心以及负荷中心常分散于不同的地区，且电能无法实现大量的储存，因此，为了保障日常的供电，电能的生产和消费必须要时刻保持平衡。在电力系统中，有一个非常重要的操作被称为同期操作，具体是指并列运行的同步发电机转子以相同的角速度进行旋转，转子间的相对位移角也处于一定范围内，处于这种状态的发电机也就是同步运行。

事实上，发电机在投入电力系统之前，和系统内的其他发电机并不是同步的，运维人员通过一系列的操作实现发电机与电力系统的其他发电机并列运行，而这一系列的操作就被称为并列操作，也就是同期操作。一般来说，运维人员可以通过准同期并列操作以及自同期并列操作来实现同期操作。

（1）准同期并列　准同期并列操作就是利用准同期法来进行，将需要进行并列操作的发电机调整至额定的转速和电压之后，在同期点进行断路器合闸以及使发电机并网的操作。

但进行准同期并列操作，需要满足一定的条件。首先是发电机和系统的电压相序需要保持一致，其次是发电机电压与并列点系统电压要相同，最后是发电机的频

率与系统的频率要基本一致。只有当同时满足发电机组电压相同、频率相同以及相位一致的条件时，才可以进行准同期并列操作，而这些指标可以通过在同期盘上安装电压表、频率表、同期表以及非同期指示灯来进行判断，只有在这些指标都达到要求之后才可以进行合闸操作。

在操作方式上，准同期并列操作也可以进一步划分为手动准同期和自动准同期。其中手动准同期是指运维人员在观察好同期表的指标之后，根据自身的经验以及前期的判断和准备工作，在合适的时机发布合闸的命令。但在实际的操作中，手动准同期一般作为备选方案，通常使用最多的还是自动准同期。所谓的自动准同期是指当控制单元发布合闸命令之后，自动准同期装置会在满足所有条件时进行合闸动作；在条件不满足时，相关单元会给励磁以及调速器发出调整的指令，从而找到最佳的合闸时机。

（2）自同期并列　同期操作的另外一种形式就是自同期并列操作，所谓的自同期并列操作实际上就是指，通过将发电机调整到系统的额定转速之后，在未加励磁的情况下执行合闸动作，然后将发电机并入系统，再立即对其供给励磁电流，最后让系统自动将发电机同步。相较于准同期并操作而言，自同期并列操作的优势在于合闸迅速以及操作简便，只需要几分钟就能够完成同期并列操作，非常有利于系统的稳定性。而且整个操作过程自动化程度高，条件限制相对少，因此也不会因为系统电压或者频率的下降，而导致操作不能进行。

但是自同期操作也会存在一定的缺点，那就是当未有加励磁的发电机合闸进入系统的时候，会在瞬间释放出较强的冲击电流，因为此时相当于将一个大容量的电感线圈接入了系统之中，会导致局部系统电压立刻下降。因此，自同期操作的使用途径是有所限制的，一般是用于水轮发电机或者是发电机—变压器组接线方式的汽轮发电机中。同时，在采用自同期操作前，运维人员需要进行仔细的检查和核算。

7.3.2 解列

并列和解列的操作不仅仅要符合线路以及变压器本身操作的要求，同时也需要根据自身的特点来进行正确的操作，非常关键的一点就是运维人员需要正确分析操作中的潮流变化，并将系统中的各个元件控制在合理的范围。

就电网的解列而言，运维人员需要充分考虑解列之后电网的发电和供电的平衡，以及潮流电压的变化，同时也需要注意到保护装置和安全自动装置发生的变化。通常有经验的运维人员还会进一步考虑到如果要进行再并列时找同期的方便性。此外，在解列的时候，运维人员需要将解列点有功潮流调整为零，同时也要将电流调整到最小。当在调整的过程中出现故障或者困难时，运维人员可以通过利用小电网给大容量的电网输送少量的功率，这样就可以进一步避免在解列完成之后，小电网的频率和电压出现较大的变化。

7.3.3　解环和合环

就解环和合环来说，最终会分别导致两种状态：一种是开网，另一种是环网。所谓的环网是指同一电压等级线路连接构成的环路，而开网即是环网打开运行的一种状态。电网合环和解环操作也是倒闸操作中的非常重要的操作，运维人员在进行合环或解环操作之前，需要对于操作中的主要事项有非常清晰的认知，具体来讲有以下几点。

首先是在进行电网合环操作的时候，运维人员需要确认合环断路器两侧的相位是相同的，电压差以及相位夹角也应该是符合相关规定的；同时在合环内，潮流的变化需要符合相关的规定，不得超过电网稳定状态以及设备容量。

其次是在进行合环操作之前，运维人员需要将电压差值调整到最小。通常情况下，规定范围内的电压差值为 220 kV 及以下的电压等级一般不能够超过额定电压的 15%，最大不能超过 20%；而在 500 kV 的电压等级下，电压差不能超过额定电压的 8% ~ 10%。

最后是在进行解环操作的时候，运维人员需要先对解环点的潮流进行检查和调整，从而保证在解环之后，各个元件的潮流变化不会超过维持系统稳定的继电保护以及设备容量的标准值。并且解环的运行方式需要同系统以及环路内的各元件的继电保护，安全自动装置以及主变压器中性点的接地方式保持适应状态。

7.4　无功与电压的调整、控制、管理

电能是通过对资源进行转换而得来的，而资源并不是取之不尽用之不竭的。在电力领域的发展过程中，人们除了考虑如何进一步对能源进行开发外，同时也需要考虑如何进一步节能。发电、输电、变电、配电和用电是电力系统中非常重要的组成部分，当人们考虑节能的时候，可以从这几个方面来进行考量。其中就发电来说，主要是要提高能源的利用率，换言之就是要提高发电厂的发电效率；从输配电的角度来看，为了节约电能，我们就必须降低在输送电能过程中产生的损耗；而从用电的角度来节约电能，那么就要求用电设备的功率因数得到提高，从而让用电设备达到最大的效益。因此，电力系统在运行的过程中，就要让用户端的电压能够尽

可能地接近额定的电压值，只有这样才能够实现最大的效益。

因此，要节约电能，让人们的日常生活以及经济的发展得到充足的动力，就必须要保证用户的电压质量是合格的、满足用电需求的。一般来说电压出现质量问题的主要诱因是系统中无功功率不足以及无功功率分布不平衡。要想让电压的质量满足要求，就必须要解决电力系统中的无功功率的问题，对无功功率和电压进行调整、控制和管理。通常来讲，对无功功率进行调整和补偿的方式有两种，一种是利用载调压变压器，另一种则是利用补偿电容器。

载调压变压器的工作原理是通过切换分接头来改变变压器的变压比。利用载调压变压器通常能够进行大范围的调压，并且能够将电路的损耗降低到最小。此外，因为电力系统中的负载大多数都是呈感性的，因此可以通过补偿电容器组的方式，对功率因数进行调整和改善。当功率因数降低之后就能够减少电网以及电压的损耗，从而让电压的质量满足要求。但以上这两种方法都有各自的局限性。在经过不断的技术革新之后，人们发现了新的变电站电压无功综合控制策略，并在各个变电站中广泛使用。

在对电压无功进行综合控制之前，首先就是要对变电站的运行方式进行识别，因为在一个规模较大的变电站中，往往会有很多的有载调压变压器，而这些变压器的运行方式也会有多种类型。因此，运维人员在对电压无功进行综合控制之前，必须要对这些变压器的运行方式进行判断和识别。通常有两种方式来判断和识别，一种是人工设置，也就是说运维人员根据主变电站所接受到的状态信息，进行初步的判断，然后再由通信系统将变压器的运行方式传送给电压无功综合控制系统；另一种则是自动识别，主要是指通过主接线的断路器的状态，电压无功综合控制系统对变压器的运行方式进行自动判断。其次是对变电站内各种电气量所处的状态进行检测和识别，运维人员需要检测和识别变电站内各种电气量所处的状态，这对于电压无功综合控制的决策制定来说意义重大。

通常来说，对电压无功综合控制的方式有三种，分别是集中控制、分散控制和关联分散控制。其中就集中控制方式来说，主要是指调度中心统一控制每个变电站的主变压器的分接头和无功补偿设备。这种集中控制的方式能够极大地保障系统运行的稳定性和经济性，对于设备以及软件的要求都比较高，同时对于变电站的智能化以及自动化也有一定的要求，是一种更加集中和高效的控制方式。

相对集中控制，分散控制的独立性会更高一些，通常是由各个发电厂或者变电站独立来完成，运维人员可以在各自的变电站中，自行调节有载调压变压器的分接头，并且确保电压和无功功率是处于正常的合格范围之内。相较于集中控制的整体性而言，分散控制更加具有针对性，能够对局部地区的无功功率进行调节和优化。

最后一种则是关联分散控制，这是一种灵活性较强的控制方式，运维人员可以根据实际的状态来采取分散和集中控制，两种方式交替进行。一般来说，分散控制方式应用于电力系统在正常运行状态时，而集中控制则用于电力系统出现系统负荷变化较大、出现紧急情况或者是运行出现问题等，这些都需要由调度中心来进行统一的调控。换言之，相较于前面两种方式，关联分散控制能够同时兼顾到系统正常运行和非正常运行的两种状态，从而更好地保证电力系统的可靠性和经济性。

变电站电压无功综合控制能够在一定程度上让主变压器低压侧母线电压的合格率得到提高，并且在一定程度上改善功率因数，进而减少了线路上的损耗，从而满足用户用电质量以及节能的需求。对于变电站电压无功综合控制的三种控制方式的选择，运维人员需要根据不同的需求和实际情况进行考虑。

7.5　站用变操作的一般流程

所谓的站用变，即配电站用电源变压器。在变电站的设备运行过程中，站用变是非常关键的一个组成部分，不仅能够为设备操作控制、检修维护提供电流，还可以满足日常照明和生活用电的需求。站用变对于变电站来说至关重要，一旦站用变系统因为一些故障，导致电源失效，就会直接影响到变电站其他电力设备的安全性和稳定性，甚至还会进一步造成电力系统停电以及对设备造成严重的损耗，从而对人们的生活以及生产造成严重的影响。

站用变对于变电站的正常运行来说，有着非常重要的作用。变电站的运维人员需要高度重视站用变的作用以及重要性，不仅仅要掌握站用变的工作原理，同时也要知道如何正确使用站用变，以及当站用变发生故障的时候，如何进行故障处理等。只有不断增长自己的业务知识和提高操作水平，才能够在保障自身安全的基础上，保证整个变电站的正常运行。

在了解站用变的操作方式之前，我们首先要对站用变的类型有一个清晰的认知。一般来说，站用变分为干式变压器和油浸式变压器。就价格来说，干式变压器比油浸式的变压器要更加昂贵。但是就容量来说，在常见的大容量站用变中，油浸式的占比要相对更多一些。二者的区别还存在于使用环境的不同，通常在一些综合性的建筑里，如地下室，楼层中以及人员密集的场所，一般都使用的是干变式的变压器；而一些专业的独立变电场所，则通常会采用油浸式的变压器。此外，环境也影响着站用变类型的选择，空间较大或者是气候较为潮湿的地方，通常是采用油浸式；而在空间较小且气候干燥的时候，一般会采用干变式。

而就站用变的操作规范而言，在 10 kV 的变电站正常运行的过程中，一般站用变的运行方式有两种：一种是两台站用变分列运行，另一种是一台运行、一台备用。其中就第一种运行状态而言，两台站用变同时运行的时候，在低压侧不能并列运行，否则的话低压侧会因为反送电而导致设备故障。此外，在站用变需要停止运转的时候，运维人员应该要先拉开低压侧的开关，然后再拉开高压侧的开关。而在恢复运转的时候，顺序则恰好相反，先合上高压侧再合上低压侧。

当变电站处于两台站用变同时使用的状态的时候，如果遇到其中一台站用变需要停止运转的情况，运维人员需要注意的是，一般是将低压侧的站用变来进行停役操作。首先要将需要使用的站用变的高压侧刀闸合上，然后再合上其低压侧的空气开关，紧接着将自动切换开关调整至正确的状态，再将原本正在运行的站用变低压侧的开关拉开，最后才是拉开其高压侧的刀闸。

在具体的操作中来说，一般有以下三种操作情况：一是当需要维持一台站用变投入运行，另一台处于备用状态时，首先需要合上主供站用变的高压侧刀闸，然后再合上低压侧的空气开关，将自动切换开关切换至所需的状态。最后是依次将备用站用变的低压侧和高压侧空气开关拉开。二是当需要对两台站用变的状态进行转换的时候，需要先合上备用的站用变高压侧的倒闸，再合上低压侧空气开关，将自动切换开关切换到所需的状态后，再拉开原本在运行的站用变低压侧开关和高压侧的倒闸。三是当需要两台站用变分别运行的时候，运维人员需要分别合上两台站用变高压侧刀闸，然后再合上低压侧刀闸，最后将自动切换开关切换成分供状态。

站用变系统的正常运行对于站用变来说非常关键，承担着为整个变电站提供交流电源的重担。一旦出现任何的操作失误，就会影响到变电站其他设备的安全性以及正常运行，同时也会造成极大的安全隐患。因此，运维人员需要对站用变的使用规范有非常清晰的认知，同时也需要对站用变设备的运行状态进行不断的巡逻和检查，这样就能够及时地对异常的状态进行处理，避免故障和事故的出现。

7.6 智能变电站消弧线圈的操作规范

在我国目前的电力系统中，出现最多的问题是单相接地故障，一般在 6~35 kV

的电力系统中，大多是采用的非有效接地系统，在这种系统中，中性点是不接地的，因此即便是发生了单相接地故障，也会因为三相线电压处于对称状态，能够维持持续性的供电。尽管这特性一直被视为是中性点不接地系统电网的最大优势之一，但当供电线路较长的时候，还是会遇到其他的问题。如单相接地电流会比较容易超过额定值，因此会导致接地故障的地方出现持续性的电弧，如果不能及时发现并且熄灭这些电弧的话，就会造成相间短路。当间歇性的弧光接地时，其会产生弧光接地过电压，甚至会导致整个电网系统受到损耗。

在系统中性点中设置消弧线圈接地是目前解决这个问题最有效的方法。就中性点接线方式而言，通常有两种：一种是中性点直接接地，另一种是中性点不接地或消弧线圈接地。其中就中性点直接接地方式而言，主要是将中性点直接接入大地，目前主要应用于 380/220 V 供电系统、110 kV 以上电压的输电系统。其中在 380/220 V 供电系统中采用中性点直接接地的方式，能够确保当发生任何一根火线出现故障的时候，对地的电压都是 220 V，能够对运维人员的安全加以保障。但是在不接地的系统中，若火线出现了接地故障，其他火线的电压就会增加到 380 V。

中性点直接接地系统主要的运行原理是当发生单相接地故障时，故障产生的较大电流能够马上激活继电保护，进而切除电源和故障回路，在中性点直接接地系统中，出现故障的时候不会对其他对地电压产生影响，能够在一定程度上减少绝缘的成本，并且提供一种更为安全的供电方式。通常在 110 kV 及以上的高压、超高压输电系统中采用中心点直接接地系统，能够让电气设备的对地绝缘电压控制单相电压，让电气设备在制造难度和造价上进一步降低。但是这种单相接地出现故障的时候，会产生较大的故障电流，运维人员必须要尽快切断故障回路，然而这又会出现供电连续性和可靠性差的问题。

而另外一种中性点接地方式就是不接地或者是利用消弧线圈接地，这种中性点接地方式主要适用于 35 kV 及以下的供电系统。相较于中性点直接接地系统来说，如果采用不接地系统，当发生单相接地的情况时，系统至少可以维持 2 h 的正常运行，运维人员需要尽快找到故障点并及时进行处理，防止故障影响范围进一步扩大。在中性点不接地系统中，如果发生单相接地的故障时，三相线电压并不会受到影响，而是维持对称的状态，不会中止用电设备的正常工作，因此具有很好的可靠性和连续性。

而且，由于中性点不接地方式中，配电网单相接地的电流很小，不会对通信线路以及信号系统产生较大的干扰，可确保其正常运行。然而，这种不接地系统也存在一定的缺陷,这种缺陷主要表现在当发生单相接地时,会影响到其他的相对地电压升到线电压,其电压几乎是正常状态的三倍。因此在线路和设备绝缘方面会有很高的要求,常常导致较高的绝缘成本,对于一些绝缘性能较差的设备和线路影响较大。

很多的智能变电站中都会使用消弧线圈,运维人员需要掌握消弧线圈的正常操作方式,其中包括消弧线圈的投运操作、退出操作,也包括分接头的调整操作。就消弧线圈的投运操作而言,主要包括四个步骤:首先运维人员需要先启用连接消弧线圈的主变压器,然后检查消弧线圈分接头是否是在正确的位置,在检查好接地信号灯的指示情况后,确认电网内无接地的存在后,运维人员才可以合上消弧线圈的隔离开关。当完成这一系列的操作后,为了进一步确保安全性和稳定性,运维人员还需要检查仪表和信号装置是否正常显示以及补偿电流是否都在额定的范围之内。

就消弧线圈的退出操作而言,运维人员需要了解何时需要进行消弧线圈的退出操作。最常见的情况就是当消弧线圈需要检修和调整分接头的时候,运维人员需要停用消弧线圈。而当电网处于正常的运行状态时,如果需要停用消弧线圈,运维人员只需要拉开消弧线圈的隔离开关即可;而当消弧线圈本身出现故障时,运维人员应该在拉开消弧线圈的隔离开关之前,先断开消弧线圈的变压器两侧的断路器。

当涉及消弧线圈的分接头调整操作时,运维人员需要进行的操作步骤主要有五个:首先是断开消弧线圈的隔离开关;然后再在隔离开关的下端安装接地线;调整分接头到合适的位置并左右转动,使其接触良好;之后运维人员就可以拆除隔离开关下端的接地线;最后用万用表去测量分接头的接触是否良好,当接触良好的时候就可以合上消弧线圈的隔离开关。需要注意的是,运维人员在改变消弧线圈的分接头之前,需要通过拉开隔离开关使其停电,才可以进行后续的操作。因为在改变分接头的瞬间可能会使电网产生接地故障,进而威胁到人身和设备的安全,因此只有当消弧线圈停电之后,才可以改变接头的位置。

7.7 继电保护及安全自动装置操作标准流程

在变电站中,继电保护和安全自动装置通常是配合使用的。其中,继电保护是指在电力系统发生故障或者异常情况的时候,能够及时发出警报的信号,或者是能够隔离、切除故障的部分。而继电保护装置就是指能够实现这一系列自动化操作的装置。在电力系统中使用继电保护装置能够及时对一些电力元件或者是电力系统本身产生的故障进行反应和处理，继电保护装置主要是通过两种方式起到保护作用：一种是向变电站值班人员发布警报信号；另一种是自动向继电器发布跳闸命令，对出现故障的部分进行断电或者是切除操作。

　　继电保护主要通过改变电力元件的电气量或者其他物理量来完成继电保护动作，如当变压器油箱发生故障的时候，常常会产生大量的瓦斯或者导致油压增高，继电保护就是利用这些物理变化来完成继电保护动作的，其通常包括三个部分，分别是测量部分、逻辑部分和执行部分。继电保护装置通常包括保护装置与测控装置。保护装置的主要作用是保护线路和变压器等设备，同时也能够用作后备保护，例如对光纤差动以及母差等的保护。测控装置则是指能够控制断路器以及隔离开关动作的装置。

　　而与继电保护装置配合使用的安全自动装置，则与继电保护装置的作用存在着一些差异。如果说继电保护装置的作用是保证变压器等设备的正常运行的话，那么安全自动装置则是对整个电网的安全运行施加保护。以自动重合闸为例，自动重合闸主要应用于以下几个情况：首先是在 3 kV 及以上的架空线路和架空混合线路中，具有断路器时，当电力设备允许且没有备用电源的情况下，可以采用自动重合装置。其次是在有旁路断路器以及母联断路器的线路中，或在母线发生故障的情况下，可采用母线自动重合闸装置。安全自动装置包括很多的方面，如稳控装置、振荡解列装置、备自投装置和重合闸等。当电网容量越来越大的时候，一些高压或者超高压线路很容易发生跳闸事故。但是如果加装了安全自动装置，如稳控装置，即便是发生线路跳闸的状况，也能够一级级地发出线路跳闸的指令，将负荷卸掉，从而确保电网的正常运行。在安全自动装置中，振荡解列装置主要是应用于系统发生振荡的时候，用来降低电网的负荷。

　　在变电站进行倒闸操作的时候，运维人员在对继电保护装置和安全自动装置进行操作时，应该遵循一定的规范和原则，确保整个操作过程是正确且安全的，否则就会引发一系列问题，如对电力设备造成损耗或者是影响整个电网系统的安全运行。继电保护装置和安全自动装置的操作，具体可以分为三种情形。

　　（1）当设备不允许无保护运行的时候，任何的电力设备都需要以《继电保护和安全自动装置技术规程》中的原则为基础，设置好运行所需的继电保护以及安全自动装置。需要对设备进行送电之前，确保继电保护和安全自动装置完好无损，传动性能良好，并且压板要保持在固定的位置。

　　（2）在倒闸操作的过程中或者是设备停电之后，正常情况下，一般不需要进行保护操作或者是压板断开操作，除非是以下几种情况。如进行倒闸操作会影响一些保护装置的工作条件，有可能会引起误动，在这种情况下，应该提前停用保护装置；因运行方式的变化也会对某些保护装置造成破坏，有可能产生误动，在这种情况下，运维人员在进行倒闸操作之前，也需要停用这些保护装置；如当运维人员将双回线路接在不同的母线上，并且此时母线断路器处于断开状态的时候，线路横联差动保护装置也应该处于停用的状态。

（3）当设备已经处于停电的状态时，在这种情况之下，设备的保护动作完成之后，仍然有可能导致正在运行的设备断路器跳闸。此时，运维人员需要关停有关的保护操作，断开压板。如当两台变压器同时由一台断路器控制的时候，应该将其中一台停用的变压器保护压板断开；又或者是当发电机停机的时候，应该断开过电流保护跳其他设备的跳闸压板。

继电保护装置和安全自动装置是变电站中非常重要的部分，能够监控并保证电力系统的正常运行。一旦被保护的电力系统元件出现故障的时候，继电保护装置能够迅速实现跳闸，降低故障对电力系统元件的损害，同时也进一步阻止了对整个电力系统的影响。此外，当一些电气设备出现了非正常的工作状态时，其能够及时发布告警信号，使变电站的运维人员能够及时进行处理，从而提高整个电力系统的稳定性和可靠性。

7.8 变电站遥控操作及应用场景

集中遥控操作是指以提高变电站一、二次设备可靠性和通信自动化为前提，并借助微机远动技术，对某一区域内的一、二次设备实现远方控制的操作。集中遥控操作在提高电网倒闸操作效率、降低供电企业人力物力成本、缩短电气设备因事故停运时间等多方面存在着一定的优势，是变电站运维操作中一项重要的手段。

通常，对变电站设备中的集中遥控操作有三个基本的步骤，分别是遥控预置、遥控命令以及遥控执行。具体来说，调控主站会向执行端发布相关的遥控预置命令，遥控预置命令中通常包括对遥控对象以及遥控性质的规定，然后执行端会根据安全规定，并依据预置命令来对变电端的测控装置和远动装置的工作进行校正。如果在校正的过程中发现了问题，就会将校正的结果返回主站；如果没有出现错误，调控站就会向变电站发布执行命令。在这一系列的操作执行完毕后，遥控对象的变位信息会被发送到调控主站，并进行相应信息的更新。

集中遥控操作通常应用于电气设备正常的倒闸操作，以及电网系统出现异常及事故的紧急处理。一般来说，集中遥控操作可以分为两种：一种是遥控操作，一种是程序操作。

遥控操作是一种最为基础且普遍的集中遥控操作模式，通常是指通过调度端或者是集控站发布一条操作指令，借助微机监控系统或者是变电站的远程终端单元，对变电站实施控制操作。就遥控操作在正常的电气设备倒闸操作中的应用来说，主要有以下四种情况：一是在进行电压无功调整的时候，可以通过遥控操作来对电容器开关以及主变分头进行调整；二是当需要进行设备检修和试验工作时，操作人员可以通过遥控操作来对开关、主变压器的运行方式以及设备隔离开关进行操作；三是在进行现场验收工作的时候，可以对开关进行遥控；四是可以实现对一些继电保护及自动装置进行软压板投退，进行保护信号复归以及保护通道测试等。

就程序操作而言，其可以进一步划分为批量遥控操作和顺序遥控操作。其中批量遥控操作是指通过一次操作指令，对需要进行同时操作的多个设备进行遥控操作，这种方式通常适用于电网系统遇紧急情况的大批量远程操作。顺序操作则是利用一次指令对多个设备进行连续的有序的远程操作，通常用于紧急情况下对多线路或者是多台主变压器的倒闸操作。批量遥控操作与顺序遥控操作最大的不同在于，在批量操作中，当其中一个设备出现操作故障的时候，并不会影响到其他设备的操作；而在顺序遥控操作中，如果其中一个设备出现了故障，就会导致遥控操作程序终止，会影响到其他设备。相较于传统的现场操作而言，程序操作能够降低了操作程序的烦琐，只需要发布一次命令，就可以在短时间实现大范围的操作，能够在一定程度上节省人力和物力，且提高了电网系统的控制水平。

集中遥控操作的过程中也可能会出现一些故障，运维人员需要对遥控操作中可能产生的异常情况有所了解，只有这样，才能够在发生故障的时候及时进行处理，保证电网系统的正常运行。

（1）调控站和变电站之间出现通信异常是一种较为常见的异常情况，通常是指无法接收指令或者是指令无法发送。一般出现这种情况的原因为：通信管理机故障或者是调控站设备故障，变电站保护装置的网络地址设置出现问题等。当出现这种故障时，运维人员需要对变电站设备进行仔细的检查，确保与调控端的网络连接正常，通常可以利用 ping 命令来对变电站的 IP 连接进行检查，从而确定是否是通信故障。

（2）命令执行失败，即当遥控指令发出和选择都是成功的状态下，但变电站端命令执行却出现了故障。此时运维人员需要对变电站的设备进行检查，确认其是否设置了超时时间，以及命令是否在规定的时间内执行。如果运行时间没有问题，那么就可以转而对变电站的测控装置进行检查，确认其出口的压板是否投入且接触良好。出现这种故障也有可能是因为遥控点无电压，运维人员可以采用万用表对出口进行电压检查，通过听声来判断继电器是否在进行动作。总的来说，当遥控操作出现故障的时候，运维人员只有掌握故障处理方法，对可能出现故障的地方一步步地进行排除，就能够及时解决问题。

集中遥控操作并非在任何情况下都是适用的。通常来讲，集中遥控操作在以下四种情况下是禁用的：一是当变电站的设备并没有通过遥控验收时，即不符合集中遥控操作的标准时，运维人员是不可以进行集中遥控操作的；二是当设备存在缺陷或者异常的情况，执行集中遥控操作会导致操作无效和对变电站造成损害；三是当设备处于检修状态时（不包括遥控验收）；四是当监控系统存在异常的情况，这种情况下进行集中遥控操作可能使产生的不良后果无法被及时发现。

第8章 运维规范3：智能变电站的事故处理

本章主要对智能变电站的事故处理进行介绍，主要从停电处理、火灾处理、变压器事故、线路事故、母线事故、直流失压、谐振过电压和单接地故障这8个方面，介绍智能变电站中常见的事故类型、事故产生时的常见现象以及对这些事故进行处理的方式。

8.1 变电站事故处理的原则与注意事项

变电站的运维过程中经常会因为内部或外部的因素出现一些事故。在出现事故之后，为了以最快的速度解决相应的故障或问题，保证其他设备的正常运行，运维人员的相关处理操作应严格按照变电站事故处理的相关规定进行。以下是变电站事故处理的一般原则。

（1）正确判断事故的性质和范围，迅速限制事故的发展，消除事故的根源，解除对人身和设备的威胁。运维人员在发现变电站出现事故的时候，需要结合当时的运行方式、天气和工作情况等，快速并且正确地对事故的性质和发展范围做出判断，通过自动装置的情况以及相关设备的情况，在最短的时间之内限制事故的发展，避免事故对变电站运维人员的人身安全造成威胁，防止事故的发展损坏变电站的其他设备。

（2）用一切可能的方法保持无故障设备继续运行。在现代社会中，电力已经是人们生产生活的过程中必不可少的主要能源之一了，为了避免变电站的故障影响了用户的正常用电，变电站的运维人员需要在事故发生之后，尽可能地保证没有出现故障的设备能够继续运行，这样才能够使事故影响范围尽量缩小，保障更多用户正常用电。

（3）优先恢复站用电和重要用户的供电，尽快对停电的用户恢复供电。对一些重要区域的用户来说，停电会给他们造成严重的影响。所以在变电站出现故障导致停电之后，要优先恢复变电站的用电和一些重要区域的用电。之后根据事故发展的情况，尽快排除故障设备，让没有故障的设备能够尽快运行起来，然后恢复对停电用户的供电，以减少停电给用户带来的损失。否则，长时间的停电，会给变电站和重点单位造成严重的损失。

（4）调整电力系统的运行方式，隔离损坏的设备，检修后尽快恢复正常供电。变电站在出现事故之后，运维人员需要将损坏的设备与能够正常运行的设备隔离开，然后对正常运行的设备进行检修，之后调整变电站的电力系统，让没有损坏的设备能够按照调整后的电力系统正常运行。运维人员在处理损坏设备的时候，如果需要帮助，要立刻报告上级，然后将损坏设备放在安全的位置，等待检修人员的到来，这样既能够保障运维人员的人身安全，也能够避免错误操作给设备带来更多的损害。

在变电站事故处理过程中，运维人员还需掌握以下的注意事项：

（1）及时报告事故情况 当事故的发展情况比较严重的时候，运维人员需要向上级或者是调度部门简要汇报事故的性质，告知开关跳闸、保护动作等详细情况。例如在出现光字信号较多的情况下，要尽快向调度部门汇报事故的性质，避免因为记录光字信号而耽误时间，造成更大的事故损失。

（2）准确分析故障原因 运维人员在不影响事故处理和给用户供电的情况下，要尽可能保证事故发生场景的原始样貌，这样有利于在紧急进行事故处理之后，检修人员能够更准确分析和判断出故障的设备和原因。运维人员应该全面了解事故处理的原则和办法，这样才能够在事故发生之后和其他的人员相互配合，保证人身安全和设备的运行。

（3）仔细查找事故原因 事故发生之后，运维人员需要到相关设备处进行仔细检查，这样做一方面有机会直接找到事故出现的原因，判断出事故发生的初始位置；另一方面也能够在事故二次发生之前，做好防范工作，防止事故进一步扩大，给变电站带来更大的财产损失。例如运维人员在检查设备的时候，如果突然闻到了异味，或者是看到有地方冒烟，就要迅速采取行动，提前对事故进行处理。

（4）分清故障设备的影响范围 运维人员需要在快速恢复供电的同时，判断事故给设备造成的影响，并且要分清故障设备的影响范围，这样才能够按照相关的流程一步一步地恢复对用户的供电。在发现事故后，运维人员要先对有故障的设备进行隔离，考虑不同电源系统操作程序之后，对电力系统的运行方式进行调整，陆续恢复对用户的供电。

8.2　全站停电现象的原因分析与处理步骤

在变电站运行的过程中，由于线路上存在着较大的工作负荷，难免会出现故障。当变电站的线路和设备等出现问题时，很容易导致全站出现停电的现象。本小节将对变电站全站停电的原因进行分析，帮助读者了解造成变电站全站停电的原因有哪些。

8.2.1　全站停电的原因

（1）相关设备原因　变电站的相关设备如果存在缺陷或者超期运行的情况，那么就很有可能会在系统运行的时候出现故障。情况较轻的时候可能只是拒动故障，严重时则可能引发严重后果。母线故障是可能会影响整个变电站系统正常运行的事故之一。作为变电站运营的重要组成部分，母线不仅仅具有供电的作用，还是变电站的中枢系统，当母线出现故障的时候，所有和母线连在一起的设备都会出现停电的问题。一般来说母线出现故障最主要的原因是母线上的电压互感器、母线、电流互感器产生了故障，或者是电压互感器运行不正常引发的故障，另外还包括技术人员在母线操作过程中出现操作失误所引发的故障。

（2）继电保护原因　一条线路上通常配置多种保护，如果主保护拒动，还有后备保护可以实现故障的切除。但若由于断路器本身的故障无法跳闸，则继电保护失效，将导致故障范围扩大。如果是继电保护原因导致的变电站全站停电，运维人员就需要尽快解决这个问题，尽快恢复变电站的用电和对用户的供电，让电力系统恢复正常的运行模式。

（3）直流电源的原因　电力系统运行过程中需要依靠直流系统保障，直流系统能够在交流供电出现运行问题的时候起到一定的替代作用，其存在的意义就是保证电力系统能够正常供电。但是由于变电站的设备较多，直流系统和设备之间的线路比较复杂，当直流系统中的保护设备和控制线路出现问题的时候，就会失去电源的供应，导致变电站全站停电。

（4）人员责任原因　引发变电站全站停电的原因除了有客观的系统故障之外，还会存在人员责任的问题。比如若变电站运维人员的专业技能不满足变电站的实际生产要求，其将无法对变电站系统进行正确检修与运维；若运维人员在执行规章制度的过程中没有严格按照工作流程进行，就无法做到及时发现隐患，可能给电力系统的安全运行带来较大的风险。

8.2.2　全站停电的处理

变电站全站停电的原因较多，但是在停电情况出现之后，运维人员进行事故处理的步骤是有章可循的。运维人员只有在日常的工作中对事故处理流程有较为详细的认识和了解，才能够在事故发生之后及时恢复电力系统，给变电站和用户继续供电。接下来就对变电站停电后的处理步骤进行介绍。

（1）检查与报告　在变电站出现全站停电的情况下，运维人员需要先对变电站的设备进行检查，看看设备是否存在异常问题，然后再去核对监控装置，查看是不是外来因素导致的变电站停电，如果这两个方面都没有较大的问题，运维人员需要立刻联系上级，告知检查的结果，并分析可能造成停电的其他原因。

（2）断开开关　运维人员要在停电之后立刻断开配电室的所有出线断路器，然后断开主变电源侧和隔离开关，这样才能够保证变电站的设备安全和运维人员的人身安全。在断开开关之后运维人员要有选择地保留一部分系统的正常运行。

（3）记录值班日志　值班日志的存在是为了让值班人员了解此前发生的相关情况。所以在变电站全站停电之后，运维人员需要将事故发生的时间、故障的所在之处、处理的流程和方式等内容详细地记录在值班日志上，并且向当值的领导汇报事故发生的基本情况，这样才能够让变电站各个层级的工作交接更为流畅，保证事故处理过程的连续性。

（4）记录送电过程　运维人员在得到上级命令对事故进行处理之后，需要将送电的详细过程记录在值班日志中，然后通过录音电话向领导汇报送电过程的操作和过程。

为了避免变电站再次出现全站停电的情况，变电站需要做好相关岗位人员的技能培训，提高运维人员的整体技能水平，增加新员工的工作经验，让他们对变电站实际的运行情况有更深入的了解；加强风险分析和防控，做好危机预案，为有可能发生的事故做好预防工作和技术保障。

8.3　变电站火灾事故的处理原则与个人防护

变电站若存在电气设备和线路的设计不规范、防护措施不到位等情况，极易发生绝缘老化、受潮、腐蚀或机械损伤等现象，造成设备短路，从而引发火灾事故。此外，严重超负荷运行的设备也会产生电火花、电弧或危险高温，同样可能引发电气设备的火灾和爆炸等事故，给电网的安全、稳定运行带来极大的危害。

当变电站出现火灾事故时，变电站的相关人员的人身安全会受到严重的威胁。所以在处理变电站火灾事故的时候，做好个人防护是非常重要的事情。本小节会对处理变电站火灾事故的原则和个人防护注意事项进行介绍。

8.3.1　变电站火灾的处理原则

（1）以人为本　在处理变电站火灾的时候，首先要把人员安全放在第一位，在保障人员生命安全的基础上，再去考虑减少变电站的财产损失，这样才能够将火灾造成的影响降到最低。因为人员伤亡是无法弥补的，会对家庭、社会造成严重影响。因此在对火灾事故进行处理的时候，要坚持以人为本的原则。

（2）防消结合　火灾事故不能仅仅只关注于火灾的处理，还要在日常的生产过程中，积极开展防火宣传教育，加强防火设施的建设。只有从源头上将火灾问题重视起来，才能够消除各类隐患，预防火灾事故的发生。因此变电站的运维工作需要遵循消防结合、以防为主的原则，从而避免火灾事故发生。

（3）各负其责　变电站在处理火灾事故的时候，需要启动应急处理体系，充分发挥应急救援指挥部的协调作用。变电站的各部门在进行火灾处理的时候应根据指挥部的统一领导各负其责、密切协作，使火灾的处理与人员的救治及其他善后工作能够有序、协调地展开，也为变电站能够快速恢复供电，做好前期准备。

（4）快速响应　运维人员在日常的工作中需要和消防队、相关应急部门保持联系，如果出现了火灾事故，就要在短时间内通知消防队和应急部门，然后根据分级响应的原则和应急预案的规定，让消防队和应急部门快速对应急队伍和物资装备进行指挥和调配。

（5）合理规划　在火灾发生的过程中需要进行应急处置，在火灾得到处理之后，还要按照一定的步骤对变电站进行善后处理，帮助变电站利用没有损坏的设备尽快恢复供电。只有在合理的规划下，才能够尽量减少火灾给变电站带来的不利影响，快速有效地帮助变电站恢复正常的工作秩序。

（6）保证沟通　变电站在对火灾进行处理的时候，需要保证各个部门之间能够畅通地沟通，这样才能够让火灾处理的各个环节相互配合，确保指挥、抢救和物资运输等流程能够顺利进行，使变电站以最快的速度处理好火灾的影响。

8.3.2 火灾事故中的个人防护

在对变电站进行火灾事故处理的同时，做好个人防护也是非常重要的。变电站的运维人员要将火灾事故相关的个人防护规则熟记于心，这样才能够最大程度地保证个人的生命安全。以下对变电站火灾事故中个人防护的注意事项进行介绍。

（1）提前做好响应准备 变电站运维人员要在日常工作中做好火灾事故的应急预案，并将火灾中需要用到的所有器材和装置准备得当，这样才能够最大限度地保证相关人员的生命安全。需要提前准备（装设）好的装置和器材包括以下内容：警报和灭火装置，如火灾报警器、自动喷淋和充氮灭火等消防装置；消防器材，如灭火器、消防沙、消防斧等器械；防毒面具和正压式呼吸器等防护用具；应急照明装置和用于消防报警的通信工具。

（2）做好现场应急处置 在出现火情的时候，启动自动灭火的装置，用灭火器和消防沙等工具，在保证灭火人员人身安全的情况下进行灭火，同时拨打消防电话报警。值班负责人需要随时判断火势的发展情况，尽快组织相关人员撤离至安全地带，然后和专业的消防人员配合，对受伤的人员进行施救，并通知急救中心赶往变电站。

（3）正确使用防护用具 防护用具的使用方法需要变电站在前期员工培训的时候进行详细的讲解，务必保证每一个员工都能够正确熟练使用。不管是在进行火灾扑救的过程中，还是在进行火灾善后的时候，运维人员都需要根据火灾的实际情况佩戴防毒面具或者是正压式呼吸器，避免在进行火灾处理的时候中毒或窒息。

8.4 变压器事故的常见类型与处理方法

维持变电站正常运行的主要设备就是主变压器，它能够较为灵活地为电网供电，其对电网的安全运行和经济运行有着重要的作用。变压器事故时有发生，而且有增多的趋势。从变压器事故情况的相关分析来看，抗短路能力不足已成为变压器事故的主要原因，给电网的安全运行带来了很大的风险。以下就变压器事故的常见类型及相应处理方法进行介绍。

8.4.1 渗漏油

变电站的运维人员若在检查的时候发现主变压器的油位无法显示，或者是和上次观察的数据相比有较大幅度的降低，那么就需要检查主变压器是否发生了渗漏油的情况。当散热器、法兰和油阀等零件出现了问题的时候，就会导致主变压器出现渗油和漏油的情况，这个时候主变压器的主体会出现脱焊、虚焊或焊缝开裂等问题，密封胶垫部位也会因为老化、开裂等情况出现密封失效的问题，这些问题都会成为主变压器渗油和漏油的主要原因。

变电站的运维人员在发现主变压器发生渗油或漏油的情况时，要先明确具体的漏油部位，然后再对该部位进行有针对性的处理。不同的部位要使用不同的处理方式：当散热器出现漏油和渗油的时候，就要先把散热器内表面的油污处理干净，然后用补焊工艺去处理该部位的渗漏故障；如果渗漏油的情况较为严重，运维人员还需要考虑更换新的散热器。

而当法兰或油阀等地方出现渗漏油情况的时候，只要及时更换法兰和油阀就能够解决问题。如果是主变压器本体出现了故障，就要在停电的情况下进行补焊。如果是密封零件出现问题，也要在停电之后再进行密封件的更换，以避免触电。

8.4.2 油位异常

当主变压器在运行过程中油位表的读数为 0 时，那么运维人员就需要考虑是否出现了油位异常故障。如果主变压器的油位处于油枕底部，那么运维人员就必须要对主变压器进行检查，在对渗漏油现象进行观察之后，按照一定的流程和方法，解决油位异常的故障。另外，如果出现油位异常告警信号，也有可能是主变压器的呼吸器或油标管被堵住了，运维人员需要对堵塞的地方进行疏通，然后再继续观察油位是否恢复正常。

当变电站的主变压器出现油位异常的故障后，运维人员需要先按照流程检查是否出现了渗漏油的情况，如果出现了渗漏油的情况，就要按照上一步骤对主体进行补焊，或者是对密封件进行更换。如果排除了渗漏油的故障，就要检查油位表的接口是否有损坏，如果是油位表故障导致的异常，就要更换新的油位表。之后再观察异常情况是否恢复正常。若以上两种情况都被排除之后，运维人员还可以检查是否为缺油导致的油位异常，然后通过补油的方式来及时排除故障。

8.4.3 接地故障

变压器的接地系统可为设备的安全运行提供保障，同时也能够有效降低变压器故障出现的频率。主变压器内部的铁芯和夹件是容易导致接地故障的主要构件。变压器在运行过程中需要一点接地才能保证其稳定性，但在实际运行过程中，经常会由于多点接地或者不接地导致变压器铁芯夹件出现接地故障。

如果主变压器中没有接地套管，那么铁芯和夹件就不会在接地故障较轻的时候体现出较为明显的异常。在这个时候，运维人员就要在瓦斯保护动作失效的状态下及时停止设备运行，在对主变压器吊芯进行检查之后，找出具体的接地故障部位，最后进行有针对性的故障处理，避免出现更严重的事故。

另外，按照规定安装防震稳钉也是避免主变压器内部出现接地故障的方式之一。在出现接地故障的时候，运维人员需要检查主变压器中是否安装了防震稳钉。在未安装的情况下，只要停止设备运行，然后进行安装就可以了。如果已经装有防震稳钉，就要对内部吊芯进行检查，通过设置绝缘板，来增加铁芯和夹件之间的距离。严重的情况下，也可以采取返厂大修的方式对硅钢片的起拱部位和铁芯的凸出尖角进行切除，并对铁芯和夹件的局部绝缘性进行强化处理。

8.5　线路故障导致跳闸的操作处理

8.5.1　母线跳闸故障

尽管母线出现跳闸故障的概率较低，但一旦出现故障，常有较大的电流，将造成大面积停电，电器设备也将遭到严重破坏。可能会导致出现母线跳闸故障的情况包括以下几种：母线断路器和绝缘子靠母线侧的套管出现绝缘破损或发生闪络；母线中的电压互感器组件出现故障；隔离开关出现了闪络或损坏的情况；电压互感器的绝缘闪络问题；避雷模块和绝缘模块的异常情况；隔离开关操作失当；二次回路故障等。

在对母线跳闸故障进行处理的时候，需要将跳闸的时间、信号和动作类型等数据登记保存好，然后将开关复位，对各个设备的仪表信息进行排查和保护，做好保护信号的复位。之后需要初步判断出跳闸故障的原因，并对回路设备进行放电和闪络情况的排查，情况严重时需要进行隔离处理。在将故障信息和检测情况上报之后，运维人员需要依照相关安排，对母线段进行隔离，然后恢复其他线路的供电。如果没有发现确切的跳闸原因，还要继续对母线回路进行排查，直至发现问题。

如果变电站使用的是双母线机制，那么在母联断路器以及电流互感器等部件出现问题的时候，两根母线也许会同时出现跳闸情况，变电站运维人员需要根据现场实际情况和上级部门取得沟通，对故障位置进行排查和隔离，尽可能地保证设备的安全，以最快的速度恢复给用户的供电。

8.5.2　线路接地故障

电力线路发生接地故障时，运维人员应及时做出正确判断，并采取相应的措施，及时排除故障。很多原因都会导致线路接地故障，例如环境因素、外力因素、设备因素等。

在中性点不接地或经消弧线圈接地的电网中，当发现线路接地时，运维人员应迅速寻找接地的故障点，争取在接地故障发展成相间短路之前将其切断。寻找线路接地故障时，一般应按照一定顺序进行：先把电网分割成电气上不直接互相连接的几个部分；检查有并联回路或有其他电源的线路；检查分支量多、最长、负荷最轻和最不重要的馈电线；检查分支较少、较短、负荷较重和较重要的馈电线；检查接在母线上的配电装置（如避雷器和互感器等）；检查电源（变压器等）；通过倒换备用母线的方法检查母线系统。

所有寻找接地故障的工作，都应该做好安全防护，如戴橡胶绝缘手套、穿橡胶绝缘鞋，并避免直接触及接地的线路。

8.5.3　线路因素导致的过流跳闸

能够引发过流跳闸的线路故障：一是线路老旧，当直径较小的线路在超载运行的状态下，就会因为长期运行而产生大量的热量，如果这些热量积累在线路比较薄弱的地方，就会让线路被熔断，造成短路情况，进而引发跳闸故障；二是电流负载过大，当部分线路接入大荷载时，就会在启动的时候产生较高的冲击电流，这些电流很容易损坏线路，导致跳闸故障；三是低压线路短路故障导致跳闸。

针对以上问题，首先要对老旧的配电设施进行更换，尽快解决配电设施老化导致的跳闸事故。然后要对线路设备的产品质量做好严格把控，并在配电线路上安装短路故障指示器，以求尽快解决短路故障，减少变电站的事故损失。

另外，运维人员应严格按管理制度对线路的运行状态进行常态化管理，通过对线路设备运行情况的检查和了解，及时发现事故隐患，定期检修，将跳闸事故发生的概率降到最低。

具体来说，运维人员首先要按照相关要求对项目质量进行改进，根据具体地域情况完善线路的日常养护工作。定期开展绝缘电阻和工频放电电压试验，及时替换掉不合格的避雷器，做好雷雨防护。在合适的位置上安装线路开关设备，防止线路越级情况的发生。另外要加强配电建设的改造，让变电站和配网结构更加合理化。

8.6　直流系统失压现象的处理方式

变电站的直流系统在各个电力运行系统起到重要的作用，是供给控制、保护、信号、自动装置等的电源，只有在直流系统能够正常运行的情况下，这些设备才能够正常工作。如果直流系统母线出现了失压现象，变电站的系统运行就会出现较大的事故，即使是短时失压，也会给变电站带来严重的后果。

直流母线分为合闸母线、控制母线、事故照明和事故直流电机用电。当电压过低或者是过高的时候，就会影响到保护继电器的运行状态，导致保护部位出现异常报警现象，进而造成重大事故。直流系统出现故障是非常危险的，所以变电站的运维人员一定要将直流母线电压控制在 200～240 V，避免出现重大事故。

在一般情况下，变电站的直流系统会由蓄电池、充电装置、直流回路以及直流负荷四个部分组成，其工作时的电压是 220 V 或 110 V。我国现在最常用的蓄电池是 GCF 型防酸隔爆式铅酸蓄电池以及 GFM（SP）型阀控式铅酸蓄电池，充电装置主要是由硅整流充电装置实现充电，直流回路涉及熔断器、断路器和绝缘监察装置。以下是对直流系统失压现象出现的原因和处理方式的介绍。

（1）客观原因　电站全站直流失压的主要原因可能是蓄电池开路无输出，而且在发生故障的时候，故障点距离主要的母线有着较近的距离，所以母线的电压也产生了畸形的变化，进而在变电站使用了交流电源之后，就出现了不正常的情况，最终导致站内直流充电机三相输入故障和充电机无输出情况的发生。

线路保护和主变保护装置因为直流系统失压而失去了直流电源，相继出现了拒动情况，这也导致了保护越级，最终造成变电站全站的直流系统失压，甚至会发生交流失压状况。

（2）人为原因　直流系统失压现象出现的人为原因包括以下四点：一是未对施工以及验收环节进行严格把关，没有及时发现蓄电池可能存在的质量问题，所以在冲击负荷较强的时候，蓄电池无法承受冲击负荷的作用；二是变电站没有做好对直流系统的日常维护工作，对相关仪器或设备检查不到位；三是很多变电站的五防机和监控机是一体的，当设备在对位状态时，会影响到运维人员对设备正确位置和正常状态的判断；四是变电站没有提前做好直流系统出现失压情况的紧急预案，运维人员缺乏这类危机的应急处置技能，无法熟练并且快速地对直流系统的失压情况进行处理。

变电站的直流系统出现的失压情况可能是变电站设备的客观原因导致的，也有可能是相关人员人为原因造成的，不管是哪一种原因导致的直流系统出现失压的现象，都要对其进行及时处理，避免事故扩大给变电站带来更多的损失。接下来就对变电站直流系统失压的处理方式进行介绍。

（1）加强对变电站直流系统以及蓄电池等设备的日常运行维护和检查，按照变电站的相关规范和具体要求，对直流系统和相应设备进行分析、研究和完善。

（2）运维人员需要掌握变电站蓄电池型号和其他直流系统损坏情况，在采购相关设备时，根据变电站实际情况提出可参考的意见，需要选择两组最重要的蓄电池的时候，尽可能选择不同的厂家。

（3）变电站的运维人员需要将电池巡检仪的报警信息接入监控系统，帮助其他相关人员及时发现蓄电池的隐患和直流系统中存在的其他安全问题，这种人工干预的方式能够从根本上减少事故发生的频率。

（4）变电站要加强对运维人员的相关技术培训，尤其是针对直流系统失压等事故进行专项培训。

（5）变电站需要对之前出现的直流系统失压的事故进行全面的分析，让运维人员充分认识到变电站工作的重要性和复杂性，让运维人员树立正确操作的安全意识，最大限度地做好变电站中的各项安全措施，尽量避免直流系统失压现象再次出现。

8.7 谐振过电压的原因与处理原则

过电压是电力系统在特定条件下所出现的超过工作电压的异常电压升高，主要包括谐振过电压、雷电过电压和操作过电压等。其中谐振过电压是变电站事故中常见的过电压方式。

变电站的电力系统中有一系列电器元件，它们会组成较为复杂的串联振荡回路，这种情况会破坏电气设备绝缘造成过电压现象，有时甚至会造成电感线圈和保护熔丝的损坏，造成一系列不良后果。所以对于运维人员来说，了解谐振过电压发生的原因是非常必要的，运维人员还要了解相应的处理原则，避免发生更大的事故。

谐振过电压最主要的一个特点就是会持续较长的时间，这是因为谐振是一种由操作或故障引发的过渡过程，是一种稳态现象，即使是在过渡过程结束之后，也能够稳定存在，直到引起故障的谐振条件被相关操作破坏。因此，当发生了谐振过电压故障的时候，运维人员一定要尽快通过正确的操作来破坏这种稳态现象，避免由于电压值过高造成严重的后果。

8.7.1 产生谐振过电压的原因

变电站的电力系统运行方式较为灵活，所以构架也会比较复杂，这就导致了运行参数有较大的随机性，在操作不当或者是发生故障的时候，很容易就会让电力系统中的电容和电感元件就会形成振荡回路。例如主变压器和电压互感器等有铁芯的设备在一定的条件下，就会产生电磁耦合的现象，进而就会出现串并联谐振，谐振过电压就产生了。在所有的谐振过电压中，铁磁谐振过电压占比超过50%。所以变电站的运维人员需要重视铁磁谐振过电压导致的故障。

8.7.2 谐振过电压的处理

（1）电压互感器的替换或改用 变电站的运维人员在处理谐振过电压的时候需要选用励磁特性较好的电压互感器（或是改用电容式电压互感器）。这是因为铁磁谐振过电压是电压互感器中的铁芯饱和引起的，选用励磁特性较好的电压互感器能够更好地避免铁芯饱和的情况出现。

另外，改用电容式电压互感器也能够解决铁芯饱和的问题。因为没有了铁芯电感，电容式电压互感器能够避免铁磁谐振过电压故障。故在变电站条件允许的情况下，可以直接改用电容式电压互感器。

（2）加强技术管理 为消除谐振过电压情况，变电站就要加强技术管理，严格执行调度规程，防止断路器断口电容器与空载母线及母线电压互感器构成串联谐振回路。

（3）破坏谐振条件 变电站的运维人员可采用改变电容值的方法去破坏谐振条件，也就是在母线上加装对地电容来增加系统对地电容，进而就会对谐振条件产生破坏；还可以用带上主变或空载线路的方式去改变电容参数，消除谐振；另外也可以通过打开断路器电源侧的隔离刀闸来消除谐振。

在很多内部原因和外部原因共同作用下，变电站的电网系统谐振过电压的发生频率通常较高，因此变电站的运维人员需要对谐振过电压的产生原因进行深入分析，根据其特性提出防止谐振和消除谐振的处理方式，利用先进技术和设备，在加强管理的基础上，消除谐振过电压，促进变电站的安全稳定运行。

8.8　系统单相接地故障处理的注意事项

单相接地故障是配电系统常见的故障，多发生在潮湿、多雨天气。此外，配电线路上的绝缘子单相击穿、单相断线，以及小动物危害等诸多因素均可引起单相接地故障。单相接地可能产生过电压，甚至引起相间短路而造成大面积事故。因此，运维人员有必要熟练掌握接地故障的处理方法。

8.8.1　单相接地故障分析

在变电站的电力系统中，不同的接地方式会引起不同的故障，要处理各种单相接地故障，有必要对单相接地的故障原因进行分析。

（1）相间绝缘损坏　在对接地电弧的测定中，得知稳态工频电流数值约为架空线路的 35 倍，高频电流数值也会是架空线路的十几倍，所以这就会导致单相接地系统发生故障，出现相间绝缘损坏的情况。高频电流在运行的过程中，衰减时间会因为电弧长度的减少而导致计算常数变高，二者之间成反比的关系，这个情况让电流的相关作用时长增加。在变电站开展日常运营的时候，紊乱的作用会在故障点形成超高热点，以极快的速度烧穿相间绝缘，对变电站的相关设备的正常运行产生不利的影响。

（2）两相异地短路　对于已出现单相接地故障的中性点不接地的电力系统，在查找其单相接地故障时，很容易引发非故障相接地，造成两相异地短路故障发生，这种现象对变电站的电力系统的平稳运行有着非常不利的影响。

（3）绝缘击穿故障　导致绝缘击穿故障的主要原因有环境因素、人为因素和其他因素等。线路在转运或者调试检验期间，设备、电缆等受环境因素影响而造成本身绝缘性能下降，在遇到突然上电、断电或其他缘故造成电路产生过电压时，就容易在绝缘受损处产生击穿。

以上三点是系统单相接地故障出现的主要原因，为了避免系统单相接地故障影响变电站电力系统的稳定运行，运维人员需要认真负责地进行相关设备的日常检修，在发现系统单相接地故障时，尽快对其进行处理，维护变电站的正常运行。

8.8.2　单相接地故障的预防与处理

变电站的运维人员应在标准化的工作流程中，加强对电力系统中的各项数据的监控，做好事故应急措施的模拟演练，做到在系统单相接地故障出现之后，尽快锁定事故位置，解决故障问题。另外运行人员还要在日常的工作中不断对系统单相接地故障的处理流程和方式进行演练，逐步提高变电站运维人员的应急处理能力，让每个运维人员都能在发现事故的时候，做出正确的处理反应，尽快解决事故危机。

变电站的运维人员在线路检修作业期间，应该加强对相关设备的巡视，保证电力系统能够正常稳定运行，要及时做好和上级、同事之间的沟通和协调工作，将巡视和检修的结果记录在交接班日志上。运维人员还要保证电缆测温系统的正常运行，要定期对区域内设备进行夜间熄灯巡视，如果有异常情况要迅速联系相关人员，进行现场巡视和处理，必要时需要向生产调度申请线路停电。一般来说，运维人员需要每个月对小电流电缆巡视两次，然后将巡视结果记录到交接班日志中。

8.9 华为智能变电站运检案例解读

在智能变电站的发展过程中，提高运维效率是未来电力行业的大趋势，而积极探索人工智能与物联网等新技术与电网运维结合，正是解决这一问题的最佳方案。

2019年，华为技术有限公司从电力客户的实际需求出发，与电力行业合作伙伴亚联发展公司联合推出了智能变电站的运检方案，得到了客户的充分认可。该方案目前已成功部署到广东省多个地区的变电站，帮助变电站实现了智能运维。

华为在维护智能变电站的稳定运行方面，做出了一些新的尝试。人工智能是华为在对智能变电站进行运检时使用的新技术之一。将智能变电站与人工智能相结合，并通过监控摄像机、传感器等设备对采集到的图像和数据进行分析，能够帮助智能变电站提高运维能力。

人工智能的灵活运用离不开算力和算法的支持，华为所制订的运检方案能够减少变电站在运检过程中对人力的需求，并且能够保障设备状态检测的正确性和实时性，并可对周边环境中存在的安全隐患做出预警，对现场的操作做出合规检查，从而降低可能存在的运行风险。

此外，在华为的运检方案中，不需要对变电站的设备和设施进行大规模的改建，主要通过利用原有设备的方式，在节约成本、保护资源的基础上，利用人工智能技术。例如在设备压力表的状态识别方面，以前两天一次的人工巡查，准确率和效率都得不到保障；而现在通过人工智能技术节省了50%的人力成本，实现了

99% 以上的准确率。人工智能技术还能通过操作 APP 的方式，对变电站中的信息进行实时推送。

在相关的配置方面，华为在运检方案中使用了 Atlas 500 Pro 智能边缘服务器和 Atlas 800 推理服务器，用来提高视频的接入能力以及提供强大的算力。

华为的智能变电站运检方案解决了传统变电站的运维难题，利用新技术，帮助智能变电站实现了更好的发展。华为的智能变电站运检方案中所体现的特征，是未来智能变电站巡检工作的发展趋势之一。我们可以确信，人工智能技术将不断地为智能变电站赋能，并将广泛应用于发电、输电、变电等电网行业的全过程，从而为构建智能化的新型电网系统做出贡献。

第9章 防误装置：智能变电站的防误装置及验收

防误装置是防止电气误操作的必备技术手段，是变电站自动化系统的重要组成部分。随着防误技术的发展，智能变电站中电气设备的防误措施日趋多样化。这些装置为运维人员的操作提供了安全保障，也对变电站投产前的防误验收工作提出了更高的要求。本章将主要介绍防误装置、装置检修与设备验收等相关内容。

9.1 智能变电站与常规变电站防误技术区别

第一点是技术不同。对于常规变电站，五防功能主要是为了规范操作人员的具体操作行为，防止误操作或漏操作。因此，其五防功能仅限于锁定设备的本地操作手柄、网门和远程控制操作命令。由于智能变电站对智能顺序操作的需求以及大量智能变电站采用光纤作为信号和指令传输媒介，如果按照常规变电站的五防配置，就很难满足智能变电站的五防需求。因此，与常规变电站相比，智能变电站五防系统功能更强大，内容更全面，五防范围更广，实时性要求更高。

第二点是不同的管理。常规变电所防误闭锁装置解锁钥匙的管理：变电所带智能钥匙管理机的解锁钥匙放置在智能解锁钥匙管理机中；未配备智能钥匙管理机的解锁钥匙应存放在专用存放盒中，盒中的钥匙应密封在信封中，并加盖公司公章。严禁所有操作人员和维修人员擅自使用解锁工具（钥匙），站内仅允许保留一把解锁钥匙，并在封存后移交值班人员，其余解锁钥匙交由变电运行维护专业防误闭锁专业负责人统一管理。值班人员应记录万能钥匙的使用情况，写明使用时间、使用原因、用户和批准用户；使用后，万能钥匙必须放回解锁钥匙管理机的固定存放位置。

由于智能变电站五防系统由站控层五防、间隔侧五防和常规五防锁三层五防组成，功能更强大，内容更全面，五防范围更广。因此，当智能变电站五防系统故障时，所有设备将无法运行。为了解决这个问题，站控层的五防系统中被设置了站控层的五防退出功能，间隔层的五防系统中被设置了间隔层的五防解锁钥匙，还有常规五防锁的万能钥匙。当五防系统失效时，相应的解锁操作可以实现紧急操作。因此，在智能变电站的五防管理中，万能钥匙的管理不再是传统五防锁万能钥匙的简单管理，站控层的五防投/退和间隔层的五防锁也必须作为万能钥匙进行管理，以防止随机解除五防造成误操作。

如果智能变电站采用"一键顺控"的操作模式进行操作，为了便于操作职责的划分，必须加强后台监控密码的管理，避免处理盗取他人密码事故时人员职责不清和误操作。

9.2　智能变电站的防误技术特点

智能变电站的防误技术水平在不断提高，防误技术也在电气自动化技术中成为一个重要的组成部分。本节将重点阐述智能变电站的防误技术特点。

智能变电站主要采用的是在线一体化防误系统，其结合了环保、集成等特点，以数字化、标准化为基本要求，能够自动完成信息采集、监测等功能。其主要特点如下：

（1）工作成本低　智能变电站的在线一体化防误系统能够将各个模块嵌入到后台系统之中，所以在硬件方面，不需要配置防误机，在一定程度上降低了成本。

（2）工作效率高　使用在线一体化防误系统，运维人员只需要对监控主机进行操作，就可以完成开票、监控等操作，提高了防误系统的工作效率。

（3）实现数据共享　在线一体化的防误模块，通过与数据库进行对接，能够实现从系统后台中读取开关、接地桩、网门等防误系统数据，还能将防误逻辑等指令加入到数据库中，实现防误系统和数据库的动态关联。

9.3　智能变电站的防误装置

智能变电站的防误闭锁装置是帮助智能变电站进行正确倒闸操作的关键，是智能变电站稳定运行过程中的重要一环。

防误闭锁装置的核心功能是实现"五防"，主要包括：防止误分合断路器，防止带电挂接地线，防止带接地线送电，防止带负荷拉合隔离开关，防止误入带电间隔。其中，防止误分合断路器是提示性的措施，其余各项功能均是强制性的措施。

在智能变电站的实际运行中，已广泛推行了 DL/T860 标准，使智能变电站中的防误闭锁功能实现了简单、高效的特点，而 GOOSE 的使用还为变电站设备间的信息交互提供了高效的通信方式。

在智能变电站中，站控层、间隔层和过程层组成了一体化的监控系统，防误闭锁系统也主要是基于这三层网络进行构建的。在站控层中，防误闭锁系统主要通过测控装置发挥功能。在过程层中，防误闭锁系统则主要是由一次设备发挥功能。在站控层、间隔层和过程层中，防误闭锁装置的具体构建如下。

9.3.1　站控层防误技术要求

我国的一些变电站采用的是数据网关机进行顺序控制的模式，虽然这种模式的运行可靠性较高，但是相比使用监控服务器，其交互性仍旧较低，软件的开发环境也较差，从顺序控制功能上来看，防误闭锁功能的实现难度很大。

还有一些变电站采用了独立五防的模式，在站内配置独立的五防机器，独立于监控系统的共享硬件系统。这种独立五防的模式一般会进行单套配置，不具有监控系统的冗余性，在五防主机发生硬件损坏的问题时，可能会出现全变电站中五防失效的情况。

独立五防的模式还可能会给运维人员增加工作量。原因主要在于，在独立五防模式下，智能变电站在使用监控系统时，可能会需要根据顺序来控制操作票，对设备进行校验和解锁。

在智能变电站的一体化监控系统中，监控主机与数据网关机会通过站控网络在站内进行保护装置和测控装置的通信，其获取的信息较为完整、集中，能够实现对变电站中设备信息的实时采集，能够将设备进行逻辑闭锁。

同时，一体化监控系统中的界面较为完整、完善，具有较强的交互性和集成化的控制功能，防误闭锁的逻辑具有较强的可视性和可维护性。

防误闭锁装置中，在监控图形画面和实时库的基础上，能够预演和校验操作的顺序，针对无法满足校验逻辑的步骤进行提示。在校验得到了正确结果后，运维人员可以对监控系统执行操作票中的内容，不能在后台中执行相关的操作。

因此，一体化的五防模式是智能变电站能够采用的高效率的方案，能够直接地利用监控系统，对数据库进行信息采集，同时，不会依赖于系统中的硬件，防误系统可以和监控系统进行数据的共享，与监控系统中的功能配合也更为顺畅，不需要对五防和顺序控制进行信息的交互，能够减少相关的工作量，提高工作效率。

9.3.2 间隔层防误技术要求

在变电站内，设备的具体状态信息主要来源于间隔层内的装置，因此，在间隔层内，相对后台服务器而言，测控装置的实时性较高，能够十分迅速地将已通过校验的操作步骤进行闭锁。此外，间隔层的防误还能够为倒闸操作提供一定的技术保障。

在间隔层获取信息时，通常使用的是定时巡检、定时查询等方式，在进行定期巡检时，能够获得系列信息，为确保信息的有效性，往往会将周期巡检控制在一定的范围，定时查询则是利用防误信息通信的方式，搜集相关设备的状态信息，并进行相关的逻辑检验。

当处于正常的工作状态时，测控装置能够收集线路电压电流、刀闸位置等信息的模拟量，通过模拟量等相关数据进行判断，确保校验工作的有效性。当间隔层的测控装置发出指令后，站控层能够在服务器显示防误校验的结果，如果未能从间隔层获得有用的信息，则校验工作未能通过。在间隔层中能够输出防误闭锁的节点，并通过遥控的方式进行操作，当防误闭锁的条件得到满足时，还能够闭合对应的节点，避免节点处于常开的状态。

但间隔层防误在扩建或进行异常处理时，可能会受到运行现场的制约，无法对测控装置中的闭锁关系进行完整的传动检验，需要运维人员制订相关的工作方案，以保证相关的闭锁量能够正确传输。

在间隔层中，相关的防误闭锁信息往往源自间隔，其中，部分的设备还需要对其他的间隔信息进行采集。在相关的模型中，测控装置会增加联锁的信息访问点，防误闭锁装置会通过 GOOSE 报文发送相关的约束数据以及数据属性。

智能变电站中传送联锁信息的方式利用通信网络，需要将通信网络分配划分为局部网的方式，以减少网络中其他信息对防误闭锁装置的干扰，并将 GOOSE 报文设定为较高的优先级，缩短信息传送的延迟。利用直接映射的方式，为 GOOSE 报文确保信息的可靠性，通过缩短延迟，对变电站的配置信息进行设置，并将设置的相关信息传送到测控装置中。

9.3.3 过程层防误技术要求

过程层的防误主要是指机械闭锁、机械电路等方面的防误功能，在操作回路上，主要通过辅助断点来实现闭锁的功能。电气闭锁装置虽然原理较为简单，效果也较为可靠，但是在开关刀闸等一次设备时，需要提供更多的辅助触点，难以高效地联系不同的电压等级，在闭锁回路中，使用二次电缆的方式会让接线的方式更为复杂，难以进行较好的维护，因此只能用于对开关、刀闸等进行逻辑闭锁的工作。

在防误闭锁系统中，各个层级之间是相互独立的，当其中一层的操作出现问题时，可以通过技术手段，将此层的防误闭锁功能退出，在执行倒闸操作时，需要注意满足每层中的操作允许条件。

在运行防误闭锁系统时，需要根据不同阶段的不同运行特征，在设备能够正常运行的情况下，编写相关的防误逻辑表，保证在站控层、间隔层和过程层中具有一致的逻辑，同时管理好解锁钥匙等相关设备，确保防误闭锁系统能够稳定运行。

9.4 变电站防误闭锁装置的验收

智能变电站的防误验收工作是保证其稳定运行的基础，本节将具体阐述智能变电站中防误闭锁装置的验收方法。

智能变电站防误系统的三层闭锁关系包含两方面：①三者之间为逻辑"与"的关系，即只有同时满足三者的操作允许条件时，方可开放电气设备控制回路；②三者相互独立，即任意层防误故障时，可独立退出该层防误系统，其他两层防误系统不受影响。为了确保各层防误的正确性，应对各层防误分别验收，可采用验收"六步法"，即包括审核防误逻辑表、编制防误验收表、独立验收各层防误系统、分别验证就地/遥控操作闭锁、分别验证闭锁/允许条件、三层防误系统联合调试 6 个环节。

（1）审核防误逻辑表 首先审核防误逻辑正确性，防误逻辑应符合相关规定、规程要求，满足各种运行方式及设备运行状态下的安全要求。应注意：站控层、间隔层、过程层三层逻辑应一致，不得发生冲突。

（2）编制防误验收表 防误验收表应包含所有设备的闭锁信息，验收时应根据表格逐项进行，每验完一项，在对应位置打"√"确认，禁止漏项、跳项。

（3）独立验收各层防误系统 验收某层防误系统时，应退出其他两层防误系统，以确保验收该层防误的独立性，否则无法判断该层闭锁是否有效。

（4）分别验证就地/遥控操作闭锁 验收时，应就地和遥控操作分别进行，确保防误系统闭锁就地和遥控操作的可靠性。

（5）分别验证闭锁/允许条件 验收时，应对闭锁条件和允许条件进行正反向验证，确保每个"与"的条件可靠闭锁，每个"或"的条件可靠动作。

（6）三层防误系统联合调试 待站控层、间隔层、过程层防误三者独立验收完毕后，应对三者进行联合调试。即全部投入三层防误后，按照防误验收表，分别进行就地和遥控操作检验，确保三层防误闭锁逻辑一致。

9.5 变电站防误闭锁装置的故障及异常处理

防误闭锁装置是电力系统中的辅助设备，在运行、结构、工作原理等方面较为简单，用途比较广泛。

防误闭锁装置利用了高压断路器和隔离开关的工作原理，将闭锁防误工作程序化，对运维人员起到了安全保障作用。本节将重点阐述变电站防误闭锁装置的故障及异常处理方法。

在变电站的防误闭锁装置中，主要采用的是微机五防系统，由微机、通信设备、闭锁器具及微机程序组成，在手工对位、传送操作等功能方面也能起到十分重要的作用。

但是在变电站防误闭锁装置投入运行之后，因利用率较高、使用范围较广、运维人员缺乏相关经验等问题，变电站的防误闭锁装置出现了系列故障。这些故障不仅会影响变电站的整体工作效率，还会产生一些安全隐患。因此，维护变电站的稳定运行，需要对防误闭锁装置的故障进行系统的分析，寻找解决处理的方法，更好地为智能电网系统服务。

防误闭锁装置的故障类型较多，涉及变电站工作的各个方面，常见的变电站防误闭锁装置故障及异常可以分为以下几种类型：

（1）系统电脑无法进行正常开机，不能进行正常的语音提示。

（2）在电脑操作完成后，不能进行下一个操作步骤。

（3）当使用电脑钥匙后，防误闭锁装置立即关机或出现警报声。

（4）闭锁装置中的图形程序不能进行正常的运行。

（5）闭锁装置中的通信产生异常，在微机和后台系统都无法进行正常的通信，通信的适配器也没有办法进行正常的连通。

（6）闭锁装置的模拟操作信息无法传输给钥匙。

（7）闭锁装置的电源适配器无法对设备进行充电。

（8）程序中的锁具出现了编码变形。

为了维护变电站的防误闭锁系统的正常运行，需要在各个部件中，保证通信设备连接良好。在通信适配器的开关保持打开的状态后，需要保证电脑钥匙的电量充足，相关的指示灯能够正确显示，变电站的图像操作系统能够保持健康运行。

变电站的防误闭锁装置中，微机电脑、编码锁具、通信钥匙和相关的程序是防误装置的核心，在断路器、隔离开关等设备中，能够实现防误操作闭锁的效果。微机电脑、编码锁具、通信钥匙和相关的程序之间，都是在相互产生联系的，这些环节中装置的性能决定着防误闭锁装置的最终效果。因此，要从这几个方面入手，对变电站防误闭锁装置中的故障及异常原因进行分析。

在前文中阐述了 8 种不同类型的防误闭锁装置故障及异常，所阐述的防误闭锁装置的故障主要有以下几个方面的原因，具体情况分析如下。

（1）电脑钥匙　在闭锁装置正常运行时，需要将电脑钥匙放入到充电座中，这时可能会因为充电故障、充电的接口接触不良等，对电脑钥匙的电池产生不良的影响，从而导致电脑钥匙无法开关机。

电脑钥匙中，各类电子元件和机械部件是其重要构成部分，在使用和操作不当时，可能会导致电子元件和机械部件迅速老化，出现电脑钥匙无法正常使用的情况。

记忆功能是电脑钥匙所具备的功能之一，在对防误装置的操作过程中，能够将相关的变化的数据传输给相关的数据设备，在正常情况下，电脑钥匙能够按照先后顺序进行显示。但是在程序中毒或数据紊乱时，如果运维人员对相关的操作不够了解，很可能会对电脑钥匙进行错误操作，导致电脑钥匙难以将正确的信息传输给下一个操作步骤。此外，在日常的维护工作中，这种操作不当还可能会导致电脑钥匙出现的语音程序被破坏的情况，无法进行正常的语音提示。

（2）程序锁具　在程序锁具的安装过程中，可能会由于工程人员的工作质量差、运行人员在验收中未能严格把关等情况，出现难以正确控制防误闭锁装置、相关编码出现错误的情况，可能会发生程序锁具无法正常打开或使用程序锁具时出现报警声的情况。

运维人员缺少正确的使用常识，也会导致防误闭锁装置出现故障。例如在使用程序锁具进行开锁时，钥匙未能插到锁具的底部，或是未能正确识别锁码等错误情况时，锁具也无法正常打开。

程序锁具的日常维护中，如果维护不及时，程序锁具长期受到雨水、阳光等外界的侵蚀，会加速程序锁具的老化，让程序锁具难以进行正常使用。

（3）图形操作系统　微机电脑是变电站防误闭锁装置中的核心设备。但在日常使用中，由于管理不善，或是运维人员缺少相关意识，将电脑进行多用途的使用，在电脑中安装过多的外部软件，导致电脑遭到病毒入侵，导致变电站防误闭锁的相关操作系统无法进行正常的使用。

在图形操作系统中输入相关参数时，数据会存储在电脑的硬盘中，但由于电脑和适配器的接口接触不良、串联口位置改变的情况，图形操作系统中一些重要的操作参数可能会发生改变，使图形程序和适配器之间无法进行正确的连接。

当防误闭锁装置中的监控设备和通信设备被外界移动时，通信会产生一些异常的情况，相关的适配器也会出现无法接受程序指令，或是出现无法将数据信息传输给钥匙的情况。

针对以上故障及异常的原因分析，防误闭锁系统在进行正常运行时，不能对其组成部分的连接关系进行随意改变。其中的各个组成部分应针对具体的情况，制定明确的管理制度，委派专人进行负责。在此基础上，还应定期地进行检查与维护。防误闭锁装置的良好运行需要做到以下几点。

（1）电脑钥匙电量状态良好　防误闭锁装置中的电脑钥匙需要保持充足的电力，在使用防误闭锁装置后，需要将电脑钥匙放入充电座中的进行循环充电。相关的运维人员需要对防误闭锁装置进行细致的检查和跟踪记录，保持防误闭锁装置中的电脑钥匙能够维持稳定的充电状态。

（2）运维人员安全意识强　防误闭锁装置的相关运维人员需要有正确的管理意识，在使用电脑时，不使用个人的 U 盘等可能存在电脑病毒的设备。

（3）定期进行检查与维护　维护防误闭锁装置的正常稳定运行，需要指定专门的负责人员，定期地组织相关负责人员对防误闭锁装置进行检查和维护，例如定期对机械锁的锁孔注油等操作，保证设备能够进行稳定运行。此外，还需建立起记录设备情况即及检查、维护情况的工作台账，保证工作的完整性和可追溯性，及时地进行填报、存档等相关工作。

为防误闭锁装置的稳定运行，需要对防误闭锁系统进行故障与异常的处理，常见的故障处理方式如下。

（1）当电脑钥匙无法正常使用时，如果已经确定是电脑钥匙中电池的原因，则需要给电脑钥匙进行充电或是更换新的电池。

（2）当电脑钥匙开机之后无法正常使用语音时，可以先将电脑钥匙进行关机重启，对钥匙进行恢复初始化的设置；如果仍旧无法使用，则需要更换钥匙。

（3）当使用完电脑钥匙后，无法进行下一步操作时，可以对钥匙进行操作检查，并将其正确地连接到控制回路中，将直流控制的电源连接在电气锁的正极中，并检查钥匙所接收到的是否是正确的程序，之后进行重新传输。

（4）当使用电脑钥匙产生持续报警声时，可以将钥匙拔出后，重新插入电脑锁中，保证底部读码正确。检查程序的编码是否正确，对照系统的程序确定锁具的编码。

（5）当使用电脑钥匙时出现了卡涩情况时，应定期地对机械锁进行注油，保证机械锁能够灵活地转动，并及时地对损坏的电脑钥匙进行更换。

（6）当图形程序出现无法运行的情况时，可以重启机器之后，重新登录系统，并联系相关的厂家，由厂家对图形程序进行重新安装。

（7）当图形程序不能与适配器进行通信时，首先需要检查图形的系统参数设置，了解本地连接类型等相关信息。当参数设置出现了错误时，如果存在问题，可以联系相关的厂家进行修改或者对串口进行更换。还需要检查通信的连线状态，对监控连接器件进行检查，并对适配器进行更换。

在使用变电站防误闭锁装置时，运维人员要对其故障及异常进行日常记录，在记录中不断进行经验总结，在变电站的防误闭锁装置出现障碍后，应及时地进行正确处理，降低安全事故的发生率。

9.6 智能变电站装置检修的分类与报文

智能变电站的装置检修主要是通过压板开入实现的，检修压板不能进行远程操作，只能进行现场实施。当投入压板时，装置会通过指示灯、报警声等方式，提示装置正处于检修的状态。在检修时，需要上传相关的信息，这时装置的警告灯会亮起。在正常的运行过程中，严禁投入检修压板。

从不同的角度来看，智能变电站的装置检修有不同的分类方式。若按照传输的内容来看，可以分为制造报文规范 MMS 报文检修、通用的 GOOSE 报文检修以及采样值 SV 报文检修。

9.6.1 MMS 报文检修处理机制

MMS 报文检修处理机制是一种结合了站控层的报文检修机制。智能的装置设备将压板的状态信息上传到站控层，客户端会按照上送报文中的品质判断在报文中，是够要对检修报文进行处理。在报文为检修报文，报文内容不应该显示在简报窗内，也不会发生警报音，应对页面进行刷新，并对检修的报文进行存储，用独立的窗口对报文进行查询。

MMS 报文的主要功能包括四个方面的内容：一是信号上送。在 MMS 读写和报告服务中，有缓冲报告的控制模块，并且可以通过 MMS 的读写和报告服务，能够通过缓冲报告的方式，进行遥信和开送的变化上送、周期上送等功能。二是测量上送。遥测和保护测量类通过无缓冲报告控制服务的方式实现，并映射到 MMS 的读写和报告服务中。通过无缓冲报告控制服务的方式，能够实现变化上送和周期上送。三是定值。定值功能主要通过定制控制块的服务模型实现，主要是将 MMS 加以映射的读写服务。通过定制的控制块，可以对定值区进行召唤、修改和切换。四是遥控。能够通过 IEC61850 的控制服务模型，通过 MMS 进行读写和报告服务。

9.6.2　GOOSE 报文检修处理机制

GOOSE 报文检修机制是在智能终端、保护和测控装置中进行检修处理的一种检修机制，为了保护 GOOSE 服务的可靠性，GOOSE 报文检修处理机制使用 ASN.1 语法编码的方式，利用心跳报文和变位报文的方式重新发送报文。在 GOOSE 报文处于检修状态时，可以为订阅方提供判断的相关信息。

此外，GOOSE 接收方可以根据报文中的允许生存时间（Time Allow to Live）检测链路中断的情况。在 GOOSE 的接收机制中，分为单帧接收和双帧接收两种方式。GOOSE 会在接收的过程中，对发现的异常情况进行报警，其中主要包括在 GOOSE 中的 A 网和 B 网断链警告，GOOSE 配置中产生不一致情况的警告，GOOSE 的信号异常警告。

在投入装置的检修压板后，通过装置发送的 GOOSE 报文发送检修的位置，在接收端将检修位与装置自身的检修压板状态进行比较，在二者一致时，才可以将信号作为有效的参考。在测控装置方面，进行装置的检修或是收到的 GOOSE 报文的检修位处于任意一个置位时，上传的 MSS 报文的相关信息也需要置位。

9.6.3　SV 报文检修处理机制

SV 报文检修处理机制是面向电流采样、合并电源电压的检修处理机制。SV 报文的接收端应在检修位和自身的压板状态进行对比，在两者一致时，对相关的信号进行逻辑保护，否则不应参与逻辑保护的计算。当出现状态不一致的信号时，接收端的装置需要显示计算和幅值。

运维人员在进行检修时需要注意的是，要进行定期的间隔检查，在正确投入检修压板时，要采用其他的安全措施以保证智能变电站的安全运行。此外，在定期检修时，运维人员还需要深入地对具体的安全手册进行研究，保证检修工作的正常开展。

参考文献

［1］刘永钢，熊慕文，尹凯，等. 智能变电站双测控方案优化设计［J］. 电气技术，2016（1）：97－100.

［2］周斌，梅德冬，张超. 智能变电站监控系统防止电气误操作功能的实现［J］. 电气自动化，2017，39（6）：78－80，84.

［3］黄文龙，程华，梅峰，等. 变电站五防一体化在线监控系统的设计与实现［J］. 电力系统保护与控制，2009，37（23）：112－115.

［4］高翔. 智能变电站技术［M］. 北京：中国电力出版社，2011.

［5］易永辉，王雷涛，陶永健. 智能变电站过程层应用技术研究［J］. 电力系统保护与控制，2010（21）：1－5.

［6］伍忠文，石海英. 防误装置的运行与维护［J］. 电子技术与软件工程，2015（8）：154.

［7］吕鸿宾. 变电站微机型防误闭锁装置运行管理中的常见问题［J］. 四川电力技术，2008，31（z2）：14－15，39.

［8］罗钦，段斌，肖红光，等. 基于 IEC 61850 控制模型的变电站防误操作分析与设计［J］. 电力系统自动化，2006，30（22）：61－65.